FORSCHUNGSBERICHTE
DES WIRTSCHAFTS- UND VERKEHRSMINISTERIUMS
NORDRHEIN-WESTFALEN

Herausgegeben von Staatssekretär Prof. Dr. h. c. Leo Brandt

Nr. 346

Dipl.-Ing. Otto Arnold

Erfahrungen mit Kernbohrungen zur Lagerstättenuntersuchung im Erzbergbau

SPRINGER FACHMEDIEN WIESBADEN GMBH

ISBN 978-3-663-03632-6 ISBN 978-3-663-04821-3 (eBook)
DOI 10.1007/978-3-663-04821-3

Gliederung

1. Erfahrungen mit Kernborhungen zur Lagerstättenuntersuchung

Der Zwang zur Wirtschaftlichkeit erforderte nach dem Zusammenbruch von den auf relativ armen Metallerzen bauenden Gruben eine Steigerung von Leistung und Förderung zur Erreichung des optimalen Betriebspunktes. Der damit verbundene, gegenüber früheren Betriebsperioden wesentlich schnellere Substanzverzehr bedingt eine erhebliche Forcierung der Aus- und Vorrichtung. Um die Kosten hierfür nicht über ein tragbares Maß wachsen zu lassen, wurden Untersuchungsverfahren erprobt, um den früher üblichen Anteil an Aus- und Vorrichtungsarbeiten je t aufgeschlossene Erzvorräte zu senken. Eines dieser Verfahren war das Durchbohren der höffigen Ramsbecker Schichten, um in relativ kurzer Zeit stratigraphische Aufschlüsse und Unterlagen über die Erzführung der Gänge in bergmännisch noch nicht untersuchten Feldesteilen zu erhalten.

Bei Aufnahme dieser Untersuchungs- und Forschungsvorhaben Anfang 1952 mußte aber zunächst im 1. Abschnitt des Forschungsprogramms das Schwergewicht der Arbeiten auf eine Erprobung der geeignetsten und wirtschaftlichsten Bohrverfahren und der zweckmäßigsten Bohrgeräte gelegt werden, denn in den Ramsbecker Schichten war das Bohren unter den vorgesehenen Bedingungen Neuland.

Die Ramsbecker Schichten werden gebildet aus Quarzit, Sandflaserschiefer, Crinoidenschiefer, Tonschiefer und einer Wechsellagerung von dünnen Quarzit- und Tonschieferbänken. Der SiO_2-Anteil der Ramsbecker Schichten hat beim Tonschiefer mit 50 % sein Minimum und erreicht bei dem mit seiner großen Mächtigkeit bei weitem vorherrschenden Quarzit ein Maximum mit etwa 90 %. Dementsprechend weisen die zu durchbohrenden Schichten eine mittlere Shore-Härte von 96 auf und gehören zu den schwer bohrbaren Geseinen. Andererseits ergab sich hierdurch aber auch der Vorteil, daß mit Nachfall oder Quellen, außer in größeren Störungs- und Zerrüttungszonen kaum zu rechnen war, und bei Kernbohrungen ein hoher Kerngewinn erwartet werden konnte. Bei der Entscheidung über das Bohrverfahren war der Entschluß zum Kernbohren mit Diamantbohrkronen bei möglichst kleinem Durchmesser der Bohrungen bei den 1952 verfügbaren Bohrgeräten für die Ramsbecker Verhältnisse vorgezeichnet.

Das für Untersuchungsbohrungen häufig angewandte Rotarybohren erfordert etwa die zehnfachen Anlagekosten, wie auch aus Tabelle 1 zu entnehmen ist.

Außerdem hätte es für die vorliegende Aufgabenstellung folgende wesentlichen Nachteile:

1. Die Abweichungen der Bohrungen von einer vorgegebenen und gewollten Neigung sind groß. Außerdem sind Bohrungen nur senkrecht und in einem engen Bereich um die Senkrechte möglich. Es können deshalb zur Einsparung von Bohrmetern die Bohrungen auch nur selten senkrecht zum Schichtenfallen gestellt werden.

2. Die Gewinnung von Bohrkernen muß beim Rotary-Bohrverfahren auf Grund der hohen Kerngewinnungskosten auf besonders interessante Zonen beschränkt bleiben. Hierdurch ist die laufende stratigraphische und tektonische Beurteilung der durchbohrten Gebirgsschichten sehr erschwert, wenn nicht gar unmöglich.

T a b e l l e 1

Gegenüberstellung des technischen Aufwandes bei Rotary- und Diamantkernbohrungen

	Rotary-bohren	Diamant-kernbohren
Installierte Leistung PS	~ 300 - 500	~ 50
Zugleistung am Hebewerk t	9 - 20	1,5 - 2,0
Gestängegewicht je lfd. m kg/m	~ 50	~ 6
Gesamtgewicht der Anlage t	~ 100	~ 20
Bohrlochdurchmesser mm	> 216	46 - 86

Die Verwendung von Bohrkronen mit Hartmetallbestückung wurde geprüft. Es ist aber aus folgenden Gründen davon Abstand genommen worden.

1. Es mußte damit gerechnet werden, daß bei den sehr harten Ramsbecker Gesteinen gegenüber dem Andruck von 0,5 - 0,8 kg/mm^2 Schneidenfläche bei Diamantbohrungen der 5 - 10-fache Andruck erforderlich sein würde. Dies würde einen höheren technischen Aufwand bedingen und wahrscheinlich eine größere Abweichung des Bohrloches von der gewollten Richtung bewirken.

2. Die Schnittgeschwindigkeit muß beim Hartmetallbohren gegenüber den beim Diamantbohren üblichen Werten von 50 - 180 m/min wesentlich geringer

sein. Hierdurch wird der Bohrfortschritt erheblich kleiner.

3. Das bei den zu durchbohrenden quarzitischen Schichten, für die die Schwierigkeiten eines drehenden Bohrens mit Hartmetallschneiden auch heute noch nicht gelöst sind, zu erwartende schnelle Abschleifen des Hartmetalls würde häufiges Gestängeziehen erfordern und damit bei größeren Bohrlochteufen praktisch einen Bohrfortschritt unmöglich machen.

4. Gestänge und Gestängeverbindungen müssen beim Hartmetallbohren gegenüber den Ausführungen beim Diamantbohren wegen der höheren Drehmomente und Andrücke verstärkt werden. Das bedeutet, wenn man von einem zu fordernden Mindestkerndurchmesser von 36 mm ausgeht, eine Vergrößerung des Bohrlochdurchmessers und dadurch auch von dieser Seite aus höhere Kosten.

5. Der Ringraum zwischen Bohrlochwand und Kernrohr sollte beim Hartmetallbohren größer sein, da gröberes Bohrklein anfällt. Hierdurch wäre ein Abweichen der Bohrung begünstigt.

Tabelle 2 gibt Auskunft über die wichtigsten Kenndaten der bisher in Ramsbeck eingesetzten Bohrgeräte.

Tabelle 2

Kenndaten der bei der Abteilung Ramsbeck der Stolberger Zink AG. bisher eingesetzten Bohrgeräte

		Bohrgeräte Type					
		Craelius X 4	Craelius XB 2	Craelius XF	Craelius XH 50	Craelius B 3	Wirth Bohrgerät ED 63,5
Kapazität	mm	100	200	300	600	1 200	1 000
Kronendurchmesser	mm	36 - 46	36 - 56	36 - 86	36 - 86	56 - 86	56 - 86
Gestängedurchmesser	mm	33,5*)	33,5*)	33,5;42*)	33,5;42;50*)	50;60*)	50;60*)
Kronendrehzahlen	n	1 000 1 500 2 500	270 500 1 000	250 500 750	150 300 600	75 150 300	75 120 300
Erforderliche Antriebsleistung	PS	6	10 - 15	15 - 20	20 - 25	40 - 50	40
Vorschub		automatisch druckkontrollierter Schraubenvorschub			hydraulisch	Handvorschub mit Druckhebel oder automatisch wie XF	Handvorschub
Gestängeausgleich		keinen	keinen	hydraulisch	hydraulisch	hydraulisch	mechanisch

*) Übergang auf Verlängerungsrohre anderer Durchmesser möglich und häufig angewandt

2. Erfahrungen mit den Bohrgeräten

Bei der Auswahl der für die Untersuchungsbohrungen in Ramsbeck vorzusehenden Bohrgeräte mußte bei den ersten Bohrungen, die von der Erkelenzer Bohrgesellschaft m.b.H., Erkelenz, niedergebracht wurden, auf die bei dieser Gesellschaft verfügbaren Geräte zurückgegriffen werden. Außerdem war 1952 das Angebot an bewährten Geräten für Diamantkernbohrungen noch gering, wogegen heute mehrere Firmen eine Reihe von guten Geräten anbieten. Auf Grund der ersten Erfahrungen mit den Unternehmerbohrungen und der für das weitere Bohrprogramm zu fordernden Maschinenkapazitäten erfolgte beim Übergang auf das Bohren in eigener Regie eine Beschränkung auf 2 Typen, und zwar auf 2 Bohrmaschinen Craelius XB 2 und 1 Bohrmaschine Craelius XH 50. Die Geräte bewährten sich und haben während ihrer bisherigen Einsatzzeit zuverlässig gearbeitet. In Zusammenarbeit zwischen Aufsicht, Bohrpersonal und Handwerkern der Abteilung Ramsbeck konnten zwei zweckmäßige Ergänzungseinrichtungen entwickelt und erprobt werden.

1) Eine Entlastungsvorrichtung für das Gestänge beim Einsatz der XB 2 unter Tage zu Bohrungen ins Hangende (Abb. 1) und

2) eine Gestängeziehvorrichtung für Schrägbohrungen zur Erleichterung und Beschleunigung des Gestängeziehens bei über Tage Bohrungen größerer Teufe (Abb. 2).

Durch die Entlastungsvorrichtung für das Gestänge ist es möglich geworden, auch mit der XB 2 aufwärtsgerichtete Bohrungen unter Tage mit mehr als 50 m Teufe ohne Schwierigkeiten zu erstellen, da der durch das Bohrgerät erzielbare Andruck durch den Ausgleich der bei Bohrungen ins Hangende entgegengesetzt wirkenden Gestängelast voll wirksam werden kann.
Die Entwicklung der Gestängeziehvorrichtung für Schrägbohrungen erlaubt es auch, bei über Tage Bohrungen über 300 m Bohrlochteufe mit 2 Mann Bedienungspersonal auszukommen, und steigerte den täglichen Bohrfortschritt in dem Teufenbereich über 300 m um 30 %. Durch die bei einer Gestängetour von mehr als 300 m beim Bohrvorgang auftretenden Torsionskräfte werden die Nippelverbindungen derart fest angezogen, daß zur Verringerung des Zeitaufwandes beim Gestängeziehen 2 Mann Bedienungspersonal auf der Maschinenplattform erforderlich sind. Zusätzlich hierzu ist dann noch bei Schrägbohrungen 1 Mann auf der Bohrturmbühne einzusetzen, der beim Gestängeziehen den Gestängewirbel mit Karabinerhaken abschraubt und die gezogene Rohrfahrt so anhält, daß das Lösen der Gestängeverbindungen ohne Verklemmen der Stange erfolgen kann. Durch die entwickelte Vorrichtung ist es möglich, auf den Hilfsmann auf der Turmbühne zu verzichten.

Wenn auch bei Bohrungen in den Ramsbecker Gebirgsschichten im allgemeinen mit Klarwasserspülung gebohrt werden kann, so bedingten doch die

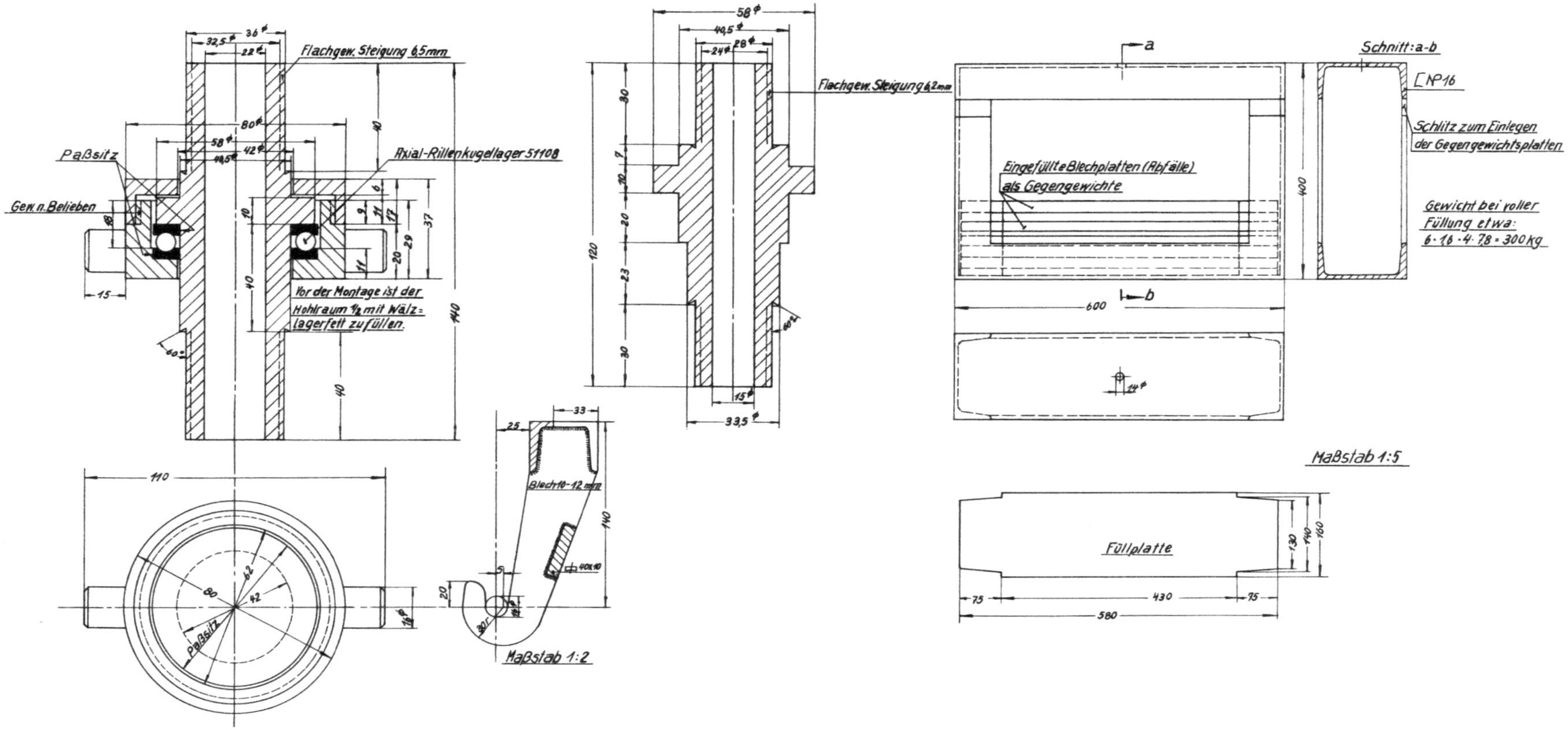

A b b i l d u n g 1

Werkstattzeichnung der Einrichtung zum Gestängeausgleich bei Unter-Tage-Bohrungen ins Hangende

Entlastungseinrichtung bei aufwärts gerichteter Kernbohrung

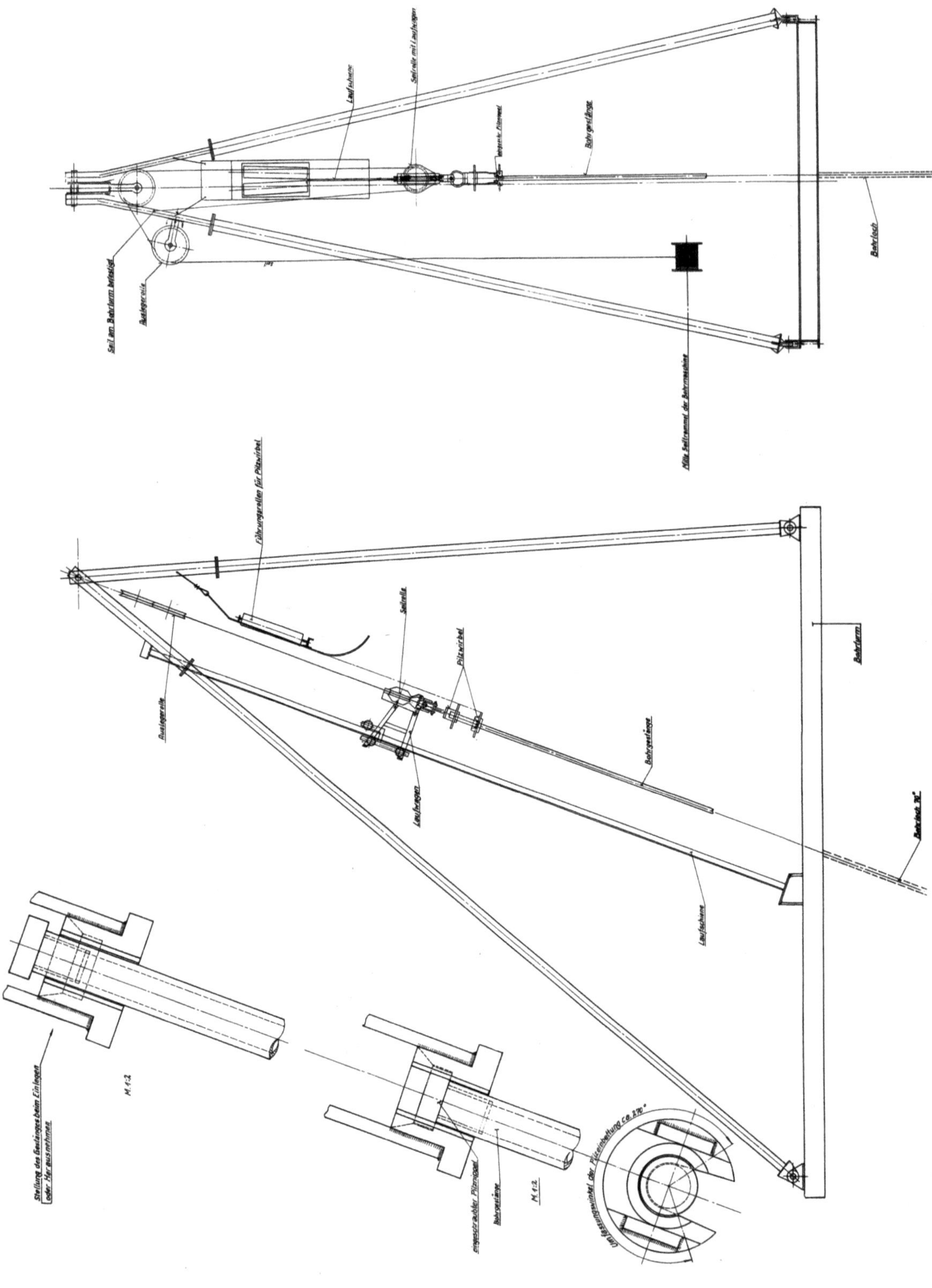

A b b i l d u n g   2

Prinzipskizze der Gestängeziehvorrichtung für Schrägbohrungen

geologischen Verhältnisse bei drei Bohrungen die Anwendung von Dickspülung. Hierbei stellte sich heraus, daß die zur XB 2 normalerweise gelieferte Craelius-Spülwasserpumpe nur für Klarwasserspülung verwendbar ist. Um auch bei erschwerten geologischen Gegebenheiten weiterbohren zu können, ist es zweckmäßig, hierauf bereits bei der Beschaffung der Bohrgeräte Rücksicht zu nehmen. Bei dem von uns vorgenommenen Wechsel der Spülpumpen hat sich die doppelt wirkende Kolbenpumpe LKF 2 3/4 x 3" der Firma Wirth, Erkelenz, gut bewährt, so daß wir nur noch diese Pumpentype bei den Bohrgeräten verwenden.

Auf Grund der Erfahrungen bei Zementierungsarbeiten, daß sich die Gewindeverbindungen des dann im Bohrloch hängenden Gestänges bei einem Haspelseil mit Linksdrall durch den Drall des Seiles, mit dem das Gestänge gezogen wird, lösen können, ist unbedingt darauf zu achten, daß als Haspelseil zum Ziehen des Gestänges ein Seil mit Rechtsdrall verwendet wird.

3. Erfahrungen mit Bohrgestängen

Die ersten Bohrversuche erfolgten mit 33,5 mm Gestänge und einer 36 mm Krone. Hierbei stellte sich heraus, daß der anfallende Bohrkern stark zerrieben und ausgespült wurde. Der Kerngewinn war demzufolge unbefriedigend. Zudem bereitete die geologische Auswertung gewisse Schwierigkeiten. Auf Grund dieser Erfahrungen erfolgte Übergang auf 42 mm Gestänge mit 46 mm Kronen. Das Bohrkernausbringen war bei diesem Gestänge von Anfang an mit mehr als 84 % gut und konnte nach Versuchen über die optimalen Einstellungen von Andruck und Schnittgeschwindigkeit über 90 % gesteigert werden. Die geologische Auswertung der Kerne bereitete keine Schwierigkeiten. Der Verschleiß der Gestänge kann jetzt, nach insgesamt etwa 7 000 Bohrmetern gut beurteilt werden. Die von der Bohrindustrie als Richtzahl angegebene Standzeit des Bohrgestänges von 3 000 Bohrmetern wurde erreicht und überschritten. Es ist jedoch darauf zu achten, daß alle Bohrstangen nach etwa 3 000 Bohrmetern geprüft und insbesondere die Wandstärken nachgemessen werden, um Störungen während des Bohrens durch Schäden am Gestänge nach Möglichkeit durch rechtzeitiges Aussortieren zu stark verschlissener Gestängerohre zu vermeiden.

Bei Bohrungen mit über 200 m Teufe mit der XH 50 und bei Horizontalbohrungen ist jedoch zumindest für den ersten Teil der Bohrungen der Einsatz eines 50 mm Gestänges mit 56 mm Bohrkronen zweckmäßig. Die gegenüber einer Wandstärke von 4,5 mm bei 42 mm Gestängerohren größere Wandstärke von 6,0 mm bei den 50 mm Gestängerohren bewirkt eine größere Starrheit des Gestänges und verringert die Abweichung von der vorgegebenen Neigung, insbesondere wenn nicht senkrecht zum Schichtenfallen gebohrt werden soll. Außerdem ist das 50 mm Bohrgestänge den bei tieferen Bohrungen auftretenden höheren Torsionskräften und Drücken besser gewachsen. Durch die um etwa 1 000 Bohrmeter höhere Lebensdauer des 50 mm Gestänges gegenüber dem 42 mm Gestänge fallen trotz der höheren Anschaffungskosten keine höheren Gestängekosten je Bohrmeter an.

Als Kernrohr hat sich bei festen, ungestörten Gesteinsschichten das normale Kernrohr gut bewährt. Sobald das Gestein jedoch brüchig, weich oder lose wird, ist Übergang auf Doppelkernrohr erforderlich, wenn man auch in diesen Gebirgsschichten ein annehmbares Kernausbringen erzielen will. Beim Doppelkernrohr schiebt sich der Kern in eine innere schützende Hülse, die durch Kugellager im äußeren Rohr gelagert ist und dadurch unabhängig von der Umdrehung des Bohrgestänges ist. Der Kern wird in der inneren Hülse festgehalten und ist gleichzeitig vor der Spülung geschützt. Von uns wurde in diesen Fällen das Craelius-Doppelkernrohr, Type T, mit gutem Erfolg angewandt.

4. Erfahrungen mit Bohrkronen und Kaliberringen

Bei Versuchen mit verschiedenen Kronentypen erwiesen sich im allgemeinen bei den vorliegenden Verhältnissen die Diamantbohrkronen, Diamy I, als wirtschaftlichste Kronentype. Mit ihren dicht gesetzten, kleinen Diamanten von 1/10 bis 1/30 Karat eignen sie sich sehr gut für die harten, von Quarzgängen durchzogenen Grauwacken- und Quarzitschichten. Zunächst wurde diese Kronentype nur mit weicher Sinterung geliefert. Hierbei bohren sich die Diamanten schnell frei und hohe Bohrfortschritte mit mehr als 6,5 Bohrmetern je Bohrschicht sind zu erzielen. Bei häufigem Wechsel zwischen harten Gesteinen (Quarzit, Grauwacke, Sandflaserschiefer) und weichen Schieferschichten besteht die Gefahr, daß die weitgehend freigelegten Diamanten aus der Kronenlippe ausbrechen und unter Umständen den gesamten Kronenbesatz zerstören, bevor das Bohrpersonal Gegenmaßnahmen ergreifen kann. Neuerdings werden die Diamy I Kronen auch mit Hartsinterung geliefert. Diese haben sich bei einem Durchbohren wechselnder Gesteinsschichten stark unterschiedlicher Härte gut bewährt. Es hat sich jedoch als notwendig erwiesen, diese Diamy I Kronen (H) vor dem erstmaligen Einsatz mit einem Sandstrahlgebläse zu bearbeiten, damit sofort auch in nicht allzu hartem Gestein eine gute Griffigkeit der Diamanten erzielt wird.

Beim Durchbohren von außergewöhnlich hartem Quarzit wurden Diabor-Kronen verwendet, um überhaupt einen Bohrfortschritt zu erzielen. Die Diabor-Kronen sind mit 1/4 bis 1/8 Karat großen Diamanten besetzt und bewähren sich bei härtestem Gestein durch die großen weitgehend freiliegenden Diamanten gut. Da sie jedoch etwa 75 % teuerer sind, ist ihre Verwendung wirtschaftlich nur dann gerechtfertigt, wenn der Bohrfortschritt mit Diamy I Kronen infolge der Härte des Gesteins sehr stark absinkt.

Das Durchbohren einiger größerer Kluftzonen mit losen Gesteinsbrocken machte den Einsatz von Diaborit-Kronen erforderlich. Diese Kronen haben eine Lippe aus einer mit Diamantstaub oder kleinsten Diamantsplittern durchsetzten Sintermasse. Sie sind nicht umsetzbar. Die sich dadurch ergebenden hohen Kronenkosten je Bohrmeter erlauben eine Verwendung dieser Kronentype nur in Sonderfällen.

Versuche mit Hartmetallkronen müssen als gescheitert angesehen werden, da nur sehr geringe Standzeiten erzielt werden konnten.

Parallel mit der Erprobung verschiedener Kronentypen wurden die Leistungen der Kronen verschiedener Lieferfirmen untersucht. Als wirtschaftlichste Krone erwies sich die Craelius Diamy I Krone mit je nach den Verhältnissen weicher oder harter Sinterung bei einer mittleren Standzeit von 22 Bm.

Die Anwendung der Diabor- und Diaborit-Kronen muß auf Sonderfälle beschränkt bleiben. Diese Kronentypen müssen jedoch vorrätig gehalten werden, um längere Stockungen im Bohrbetrieb durch Schwierigkeiten, die im Charakter der durchbohrten Gebirgsschichten begründet sind, zu vermeiden. Der Karatverbrauch ist sehr von der Gebirgsbeschaffenheit abhängig. Er liegt bei den weichsten Ramsbecker Gebirgsschichten bei 0,02 Karat je Bm und beim härtesten Quarzit heute bei 0,12 Karat je Bm. Diese als sehr gut anzusprechenden Verbrauchszahlen konnten erst nach längeren Versuchen über den optimalen Bohrfortschritt auf Grund der einstellbaren Bohrbedingungen der Bohrmaschinen wie Andruck und Spindelumdrehungen erzielt werden. Als Folgerungen aus den Versuchen in Ramsbeck kann gesagt werden, daß für die Ramsbecker Schichten die optimalen Bohrbedingungen dann gegeben sind, wenn bei Quarzit mit 90% SiO_2 ein Bohrfortschritt von 3,25 cm/min und bei Tonschiefer ein solcher von 3,75 cm/min erzielt wird. Zwischenwerte können in Abhängigkeit von SiO_2-Gehalt interpoliert werden.

Die Kaliberringe werden unmittelbar hinter der Krone eingesetzt und gewährleisten die Einhaltung des gewünschten Kalibers. Ihre Standzeit beträgt im allgemeinen über 120 Bm. Besonders gut haben sich Kaliberringe der Firma Winter bewährt.

5. Erfahrungen mit der Überwachung und Auswertung der Bohrleistungen und der Organisation des Bohrbetriebes

Während der ersten 1952 durch die Erkelenzer Bohrgesellschaft niedergebrachten Bohrungen beschränkte sich die eigene Tätigkeit auf die Überwachung der Bohrleistungen und Auswertung der Bohrkerne. Unterlage für die Überwachung und Abrechnung der Bohrleistung ist der vom Bohrmeister oder Schichtführer der Bohrkolonne auszufüllende Tagesbericht.

Dieser gibt Auskunft über die Bohrung, die Bohrmannschaft, das verwendete Bohrgerät, Gestänge, Kronen und Zubehör, die Einstellung der Maschine, den Zeitaufwand für die einzelnen Arbeitsvorgänge während des Bohrbetriebes und bei Störungen, die Bohrleistung und die erste Aufnahme des durchbohrten Gebirges durch den Bohrmeister. Die gewissenhafte Ausfüllung dieser Tagesberichte ist Voraussetzung und muß laufend überprüft werden, wenn man bei der Auswertung nicht zu falschen Schlußfolgerungen verleitet werden will. Tabelle 3 bringt z.B. eine Auswertung des Zeitaufwandes mehrerer Übertagebohrungen. Dieser Aufwand an Arbeitszeit für die einzelnen Arbeitsvorgänge kann als repräsentativ für das Englochkernbohren unter Ramsbecker Verhältnissen angesehen werden bei Bohrlochteufen über 300 m.

Beim Übergang auf das Bohren in eigener Regie konnte zunächst nur einschichtig gebohrt werden, da nur ein ausgebildeter Bohrmeister bzw. Schichtführer eingesetzt werden konnte. Im Laufe des ersten Jahres gelang es dann aus der eigenen Belegschaft interessierte Handwerker an der Bohrarbeit auszubilden, so daß diese mit gutem Erfolg die Bohrarbeit in Ramsbeck übernehmen konnten und eine wesentliche Senkung der Kosten je Bohrmeter erzielt wurde. Es muß jedoch darauf hingewiesen werden, daß es nicht möglich ist, eine solche - auf ganz bestimmte Gesteinsverhältnisse eingearbeitete Bohrkolonne - ohne einen allseitig erfahrenen Bohrmeister bei anderen geologischen Gegebenheiten einzusetzen. Dies kann zu einem völligen Fehlschlag führen und erhebliches Lehrgeld kosten, wie auch unsere eigenen Erfahrungen ergeben haben. Es sind aus diesem Grunde die von uns für unsere Bohrungen ermittelten Kosten nicht ohne weiteres mit den Kostenkalkulationen von Bohrgesellschaften, die allen geologischen Gegebenheiten entsprechen müssen, zu vergleichen.

Tabelle 3

Arbeitszeitbedarf für die einzelnen Arbeitsvorgänge beim Diamantkernbohren über Tage mit Bohrlochdurchmessern unter 66 mm in Ramsbecker Gebirgsschichten bei Bohrlochteufen über 300 m

Arbeitsvorgänge	Arbeitsstunden in % der Gesamtarbeitszeit	je Bohrmeter
Transport	6,5	1,09
Bohren	59,9	10,04
Verrohren	2,2	0,37
Fangarbeit	18,2	3,04
Reparaturen	5,0	0,85
Zementieren	7,6	1,27
Wache	0,6	0,09
	100,0	16,75

Die zusammenfassende Auswertung der Tagesberichte erfolgt auf einem besonderen Formblatt, auf dem neben der Zusammenfassung der einzelnen Angaben der Tagesberichte auch die angefallenen Kosten, unterteilt nach den Kostenarten 1) Arbeitskosten, 2) Energiekosten, 3) Kronen- und Kaliberringkosten, 4a) Reparaturmaterialien, 4b) Reparaturlöhne, 5) Betriebsgemeinkosten, 6a) Kapitaldienst für Bohrgeräte, 6b) Kapitaldienst für Bohrgestänge) erfaßt werden. Als Endzahlen werden die Gesamtkosten der Bohrung und die Kosten je Bohrmeter errechnet. Da die Diamantkosten für Kronen und Kaliberringe einen wesentlichen Anteil der Gesamtkosten darstellen, ist es notwendig, über jede Krone und jeden Kaliberring sorgfältigst alle Daten zusammenzutragen. Dies erfolgt auf einem Formblatt, aus dem neben den Daten, die zur eindeutigen Charakterisierung und Festlegung der Identität der Krone bzw. des Kaliberringes erforderlich sind, die bei den verschiedensten Gesteinen und Bohrbedingungen erzielten

Bohrmeterleistungen und der Karatverbrauch sowie die hierfür entstandenen Kosten zu ersehen sind.

Gleichzeitig wird die Auswertung der geologischen Aufnahme der Bohrkerne zeichnerisch auf Blattgröße DIN A 3 dargestellt, und daneben bei Übertagebohrungen der zeitliche Verlauf der Bohrung mit Angabe aller Störungen aufgetragen. Hierdurch ist eine eingehende Beurteilung der Bohrung und der Einflüsse durch Gesteinswechsel und Teufe möglich.

Abbildung 3 bringt die verkleinerte Auswertung der 1 100 m tiefen Valmebohrung 3 und Abbildung 4 die Auswertung der 600 m tiefen Twillmeckebohrung 6/1.

Bei unseren Untertagebohrungen besteht auf Grund der wesentlich gleichartigeren Gebirgsbeschaffenheit und der mittleren Bohrlochteufen von 106 m bei Bohrungen ins Liegende und von etwa 70 m bei horizontalen Bohrungen und Bohrungen ins Hangende nicht die Notwendigkeit zur zeichnerischen Darstellung des zeitlichen Verlaufs. Die zeichnerische Auswertung kann sich darum auf die Erfassung der geologischen Aufschlüsse und die Darstellung der Lage der Bohrung im Grubengebäude beschränken. Abbildung 5 bringt eine solche Auswertung für die Bohrungen 18 und 20 aus dem z.Zt. tiefsten Aufschluß des Grubengebäudes.

Man muß sich darüber klar sein, daß man mit dieser Auswertung der Tagesberichte, der geologischen Aufnahme der Bohrkerne und der angefallenen Kosten nicht den Schichtführer oder Bohrmeister der Bohrkolonne belasten kann, daß aber engste und vertrauensvolle Zusammenarbeit zwischen dem für die Auswertung Verantwortlichen und dem Bohrpersonal erforderlich ist, um die aus der Auswertung sich ergebenden Folgerungen für die Bohrpraxis verwerten zu können und mit geringstem Aufwand die größtmöglichen Erfolge zu erzielen.

Zur Frage des Personalbedarfs für die Bohrungen ist zu sagen, daß nach der in der 2. Hälfte des vergangenen Jahres vorgenommenen Erprobung der Gestänge-Ziehvorrichtung bei Schrägbohrungen jetzt auch bei Bohrungen mit mehr als 300 m Teufe in den Ramsbecker Schichten mit 2 Mann Bedienungspersonal je Schicht auszukommen ist. Einer dieser beiden Leute muß als Schichtführer längere Erfahrung mit den Kernbohrungen besitzen, während der 2. Mann ein kurzfristig angelernter, handwerklich interessierter Mann sein kann. Zur Vermeidung von Neben- und Wachschichten und zur besseren Ausnutzung der Geräte sollte man möglichst durchgehend, also

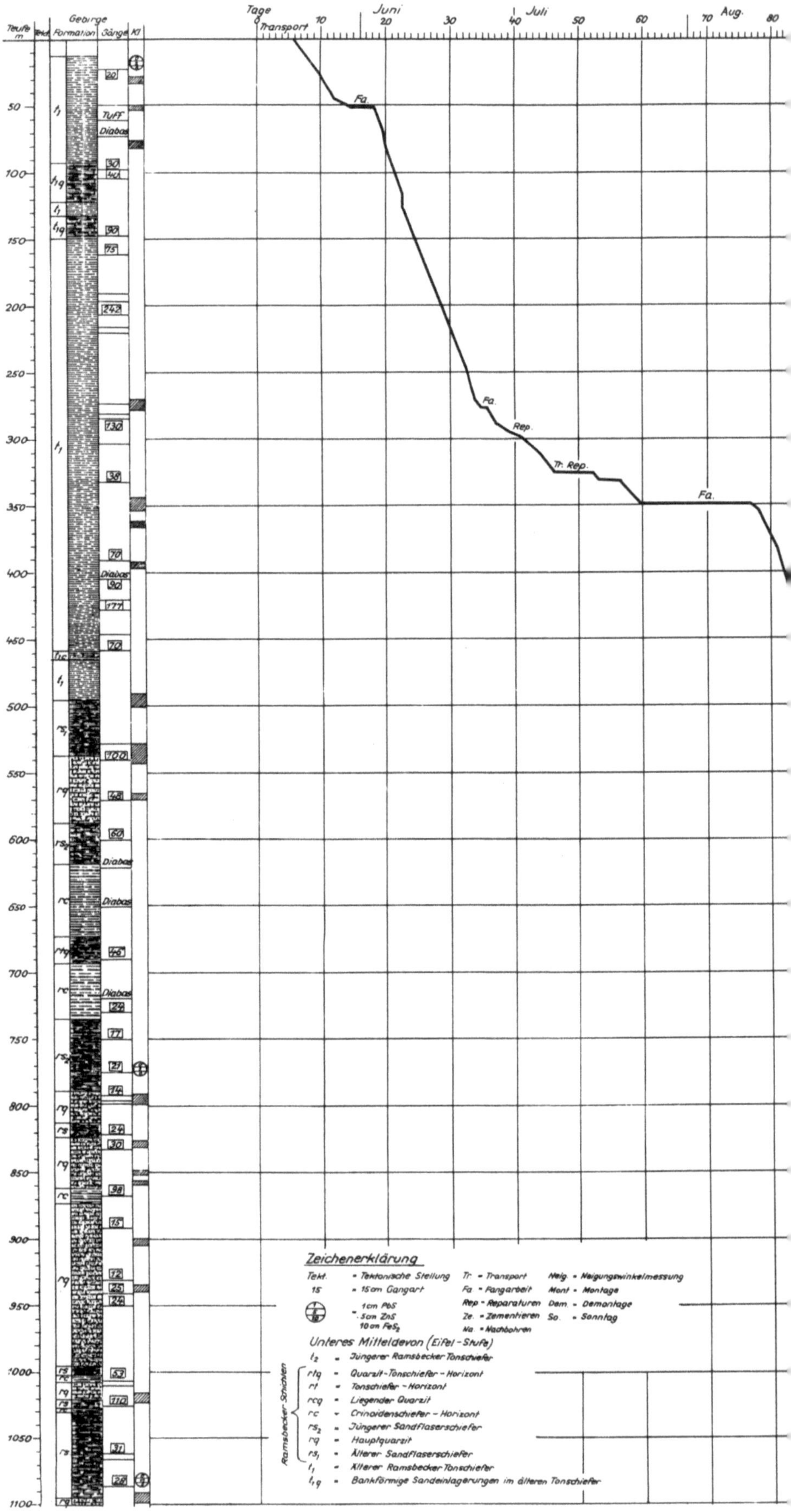

A b b i

Tiefbohrung Ramsbeck 3 Valme 15.5.1952

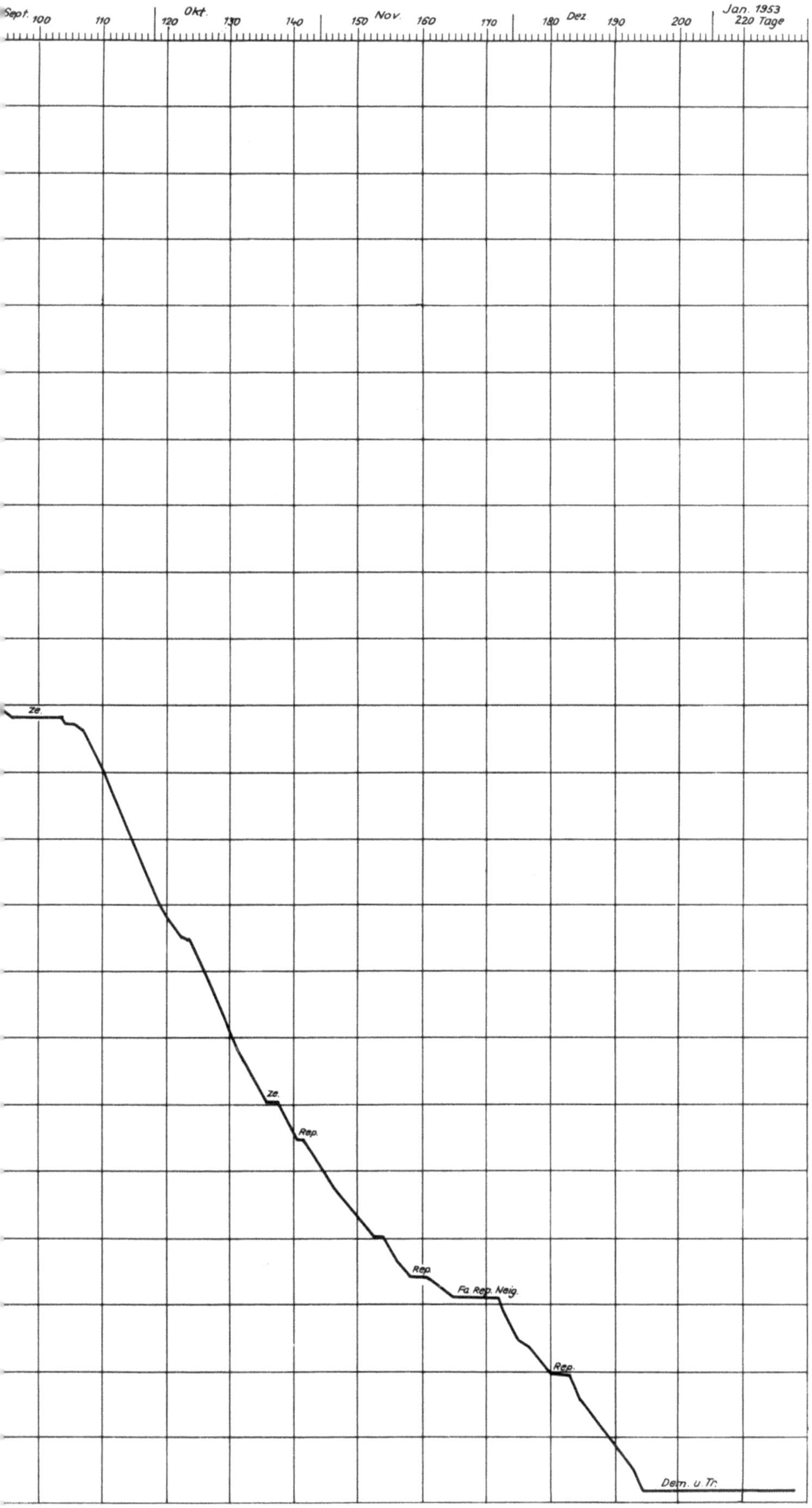

n g 3

.1953 Auswertung der 1100 m tiefen Bohrung

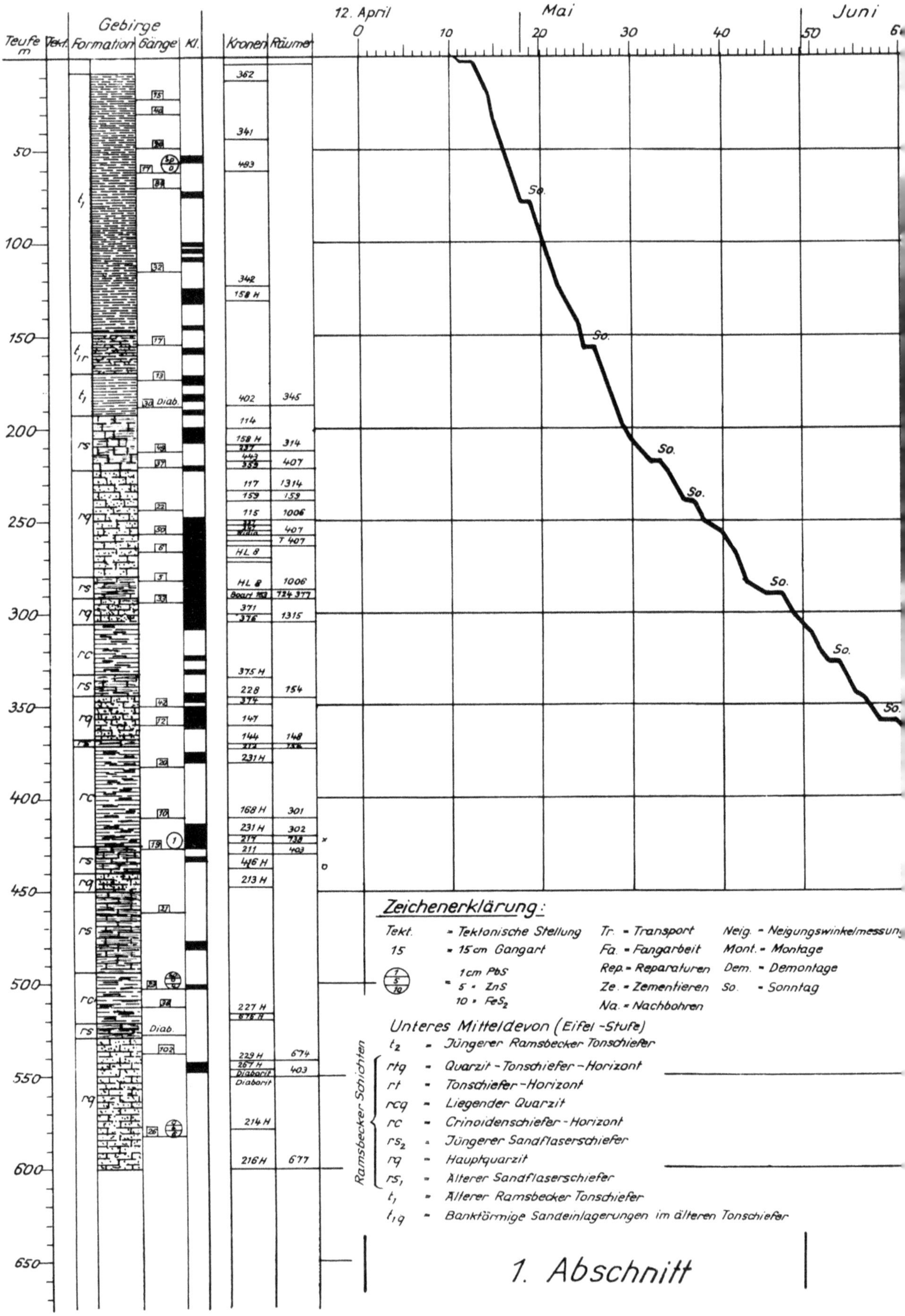

A b b i

Tiefbohrung Ramsbeck 6/1 Twillmecke 12.4

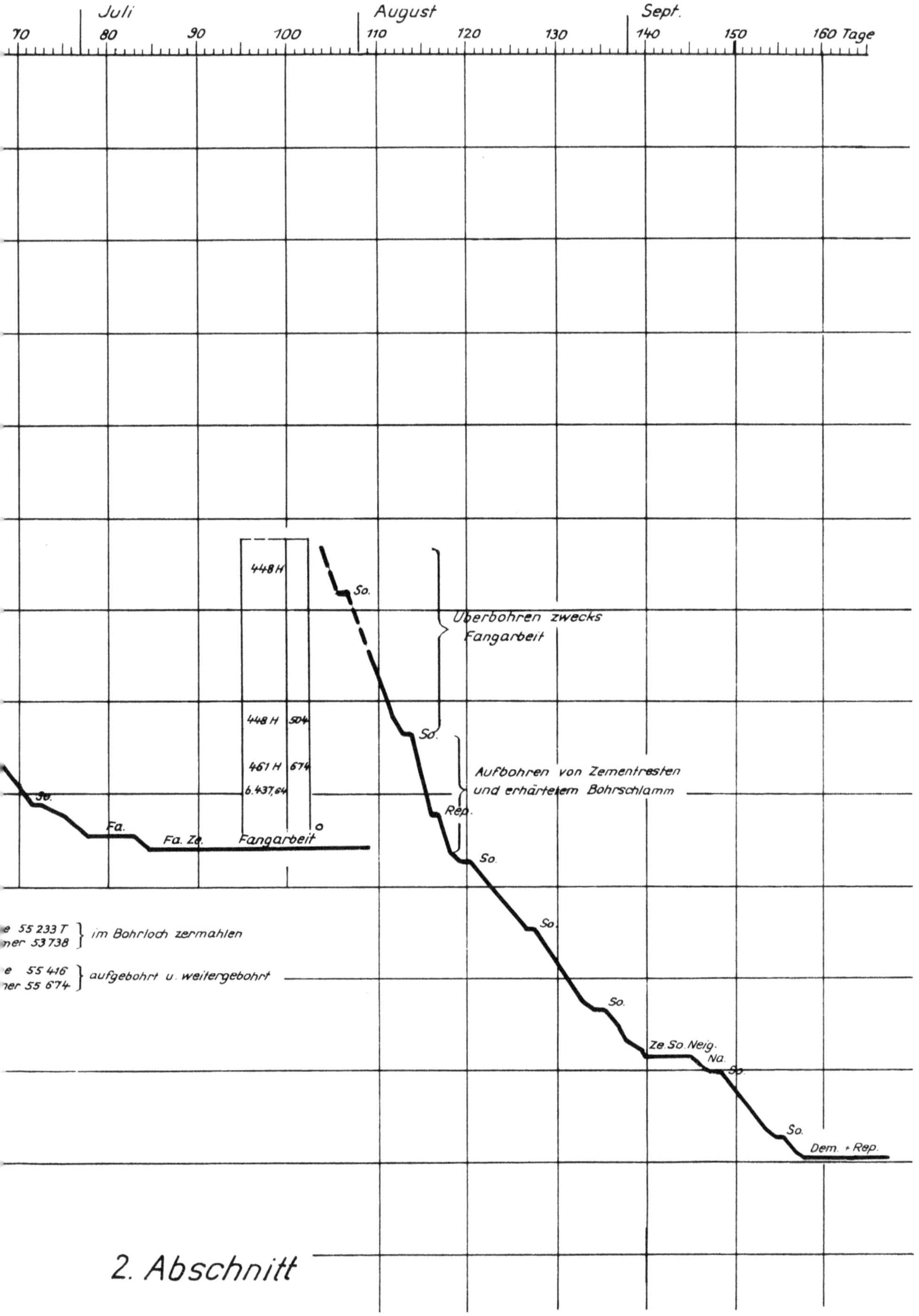

ng 4

.9.1956 Auswertung der 600 m tiefen Bohrung

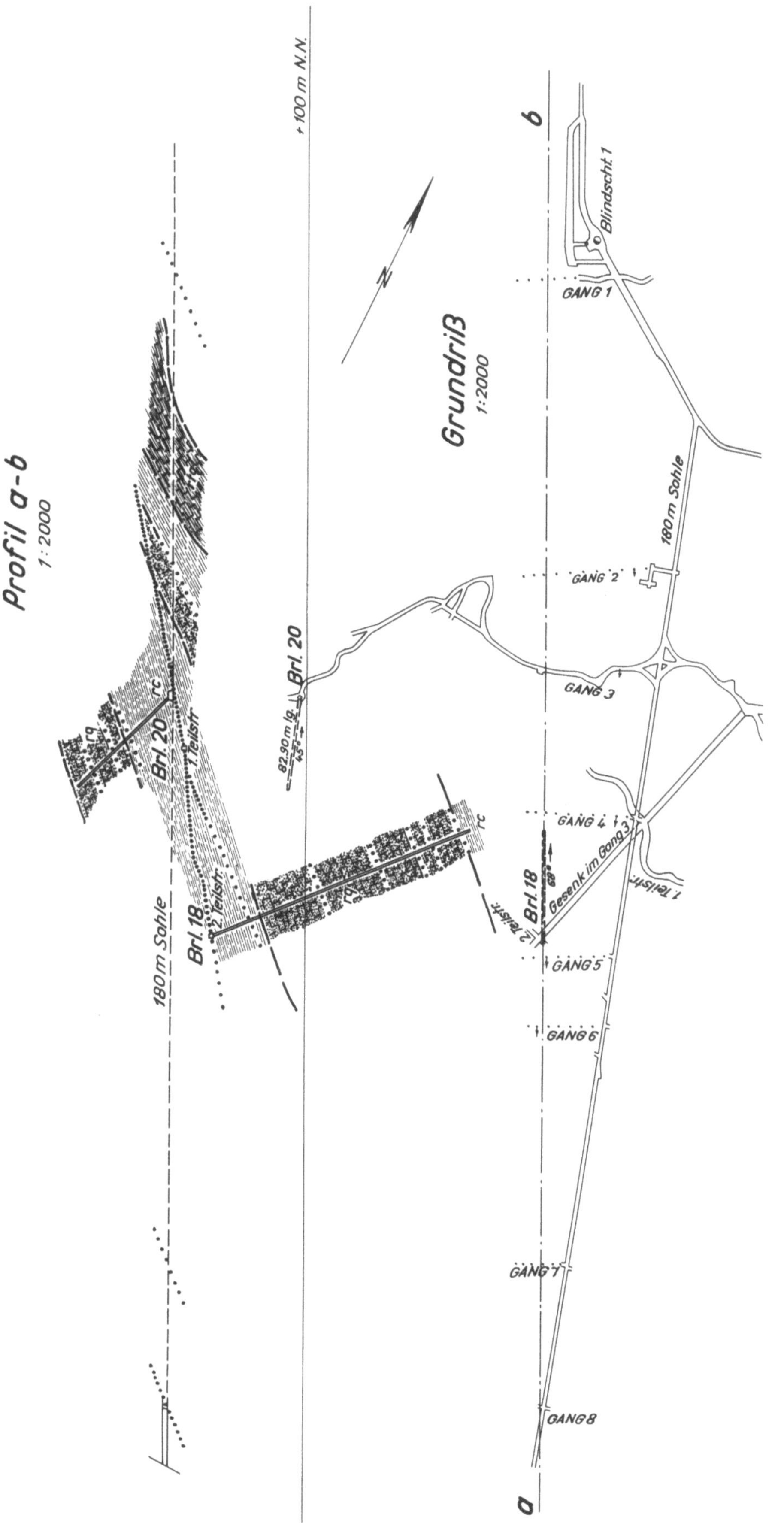

A b b i l d u n g 5

Auswertung der Unter-Tage-Bohrungen Nr. 18 und Nr. 20

dreischichtig bohren. Dies hat aber nur dann Sinn, wenn entsprechend ausgebildete Schichtführer für jede Schicht vorhanden sind. Es führt unweigerlich zu erheblichen Verlusten, wenn nur kurzfristig unterwiesene Leute als verantwortliche Schichtführer eingesetzt werden.

Als besondere Erfahrung aus den Auswertungen der Bohrergebnisse stellte sich in Ramsbeck heraus, daß das Bohrpersonal nicht nachdrücklich genug darauf hingewiesen werden kann, daß bei durchbohrten Kluft- oder Störungszonen sofort zementiert werden muß, wenn eine Beeinträchtigung des Spülwasserumlaufs festzustellen ist.

Es ist außerdem zweckmäßig, durch eine geeignet gewählte und gestaffelte Prämie, die insbes. die Leistung je Bohrschicht und den Karatverbrauch berücksichtigen sollte, die Bohrmannschaft auch finanziell am reibungslosen Ablauf des Bohrbetriebes und an einem sachgemäßen Bohren zu interessieren.

6. Leistungen und Erfolge der bisherigen Bohrtätigkeit

Bei der Beurteilung der Übertagebohrungen verdient die Valme-Bohrung 3 (s. auch Abb. 3) besondere Beachtung. Sie kann als Pionierbohrung gelten. Es gelang, die Bohrung von 323 bis 1 100 m Bohrlochteufe mit einem Kronendurchmesser von 56 mm ohne Verrohrung oder nachmaliges Absetzen niederzubringen, obwohl eine Reihe von Störungen und Klüften durchbohrt wurde und mehrfach zementiert werden mußte. Bei einer Kronenstanddauer von im Mittel 22,9 Bohrmetern je Bohrkrone ergab sich ein Karatverbrauch von 0,491 Karat je Bohrmeter. Der arbeitstägliche Bohrfortschritt mit 5,5 Bohrmetern ist bei der erzielten Teufe als sehr gut anzusprechen. Die Kosten waren mit 184.-- DM/Bohrmeter zufriedenstellend. Insgesamt kann heute gesagt werden, daß unter Ramsbecker Verhältnissen bei Übertagebohrungen etwa mit den in Tabelle 4 in Abhängigkeit von der Teufe angegebenen Kosten zu rechnen ist.

Tabelle 4

Kosten von Übertagebohrungen in Abhängigkeit von der Teufe

Bohrlochendteufe in m	Gesamtkosten in DM/Bohrmeter
bis 300	95
" 600	117
" 900	162
" 1100	184

Tabelle 5 gibt einen Überblick über die Abweichungen der Bohrungen von der vorgegebenen Neigung und Richtung in den Ramsbecker Schichten in Abhängigkeit von der Bohrlochteufe. Gemessen wurde die Abweichung bis Mitte 1955 mit dem Kugel-Kardan-Lotgerät und neuerdings mit dem einfacher zu handhabenden und in den anfallenden Meßkosten wesentlich günstigeren Multiple Shot-Gerät. Die gemessenen Abweichungen müssen als außergewöhnlich günstig gelten, denn normalerweise rechnet man mit wesentlich größeren Abweichungen.

Tabelle 5

Abweichung der Bohrungen von der vorgegebenen Neigung und Richtung in Abhängigkeit von der Bohrlochteufe

Bohrlochteufe in m	Abweichung in Grad in den Vertikalen	Abweichung in Grad in der Horizontalen
100	bis 0,5	bis 1,0
300	0,5 - 2	1 - 2,5
600	2 - 3	2,5 - 5
1000	3 - 6	5 - 10

Tabelle 6 gibt eine prozentuale Aufschlüsselung der Gesamtkosten aller bis Ende 1955 in eigener Regie durchgeführten Bohrungen nach Kostenarten und Gruppen zusammengehörender Bohrungen.

Tabelle 6

Prozentuale Aufschlüsselung der Gesamtkosten der in eigener Regie durchgeführten Bohrungen nach Kostenarten und Gruppen zusammengehörender Bohrungen

Kostenarten	Unter-Tage-Bohrungen: Bohrungen ins Liegende	Horizontalbohrungen	Bohrungen ins Hangende	Durchschnitt	Horizontalbohrungen in Mühlenbach (Nur zum Vergleich)	Über-Tage-Bohrungen
Arbeitskosten	51,6	38,5	42,8	43,6	36,9	37,8
Energiekosten	2,8	5,7	2,4	3,7	14,8	2,0
Anteil der mit Druckluftantrieb gebohrten Bohrmeter in %	(32,0 %)	(59,0 %)	(0,0 %)	(29,0 %)	(64,0 %)	(Dieselmotor)
Kronenkosten	21,2	26,2	22,2	23,4	19,4	23,3
Ersatzteil- und Reparaturkosten	4,8	2,7	3,6	3,7	5,5	22,4
Betriebsgemeinkosten	6,8	8,6	13,2	9,7	6,6	7,1
Kapitaldienst	12,8	18,3	15,8	15,9	16,8	7,4
	100,0 %	100,0 %	100,0 %	100,0 %	100,0 %	100,0

Tabelle 7 gibt eine zusammenfassende Auswertung aller in eigener Regie bis Ende 1955 ausgeführten unter Tage Bohrungen. Zum Vergleich mit den Ergebnissen der Bohrungen in Ramsbeck sind auch die Ergebnisse der bei der Abteilung Mühlenbach und anderen Abteilungen ausgeführten Bohrungen gebracht.

Tabelle 7

Auswertung der Ergebnisse aller in eigener Regie durchgeführten Unter-Tage-Bohrungen

	Abt. Ramsbeck			Abt.M'bach	Sonst. Abteilg.
	Bohrungen ins Liegende	Horizontalbohrungen	Bohrungen ins Hangende	Horizontalbohrungen	Horizontalbohrungen u. Bohrungen ins Liegende
Eingesetzte Bohrgeräte, Type	XB 2	XB 2	XB 2	XB 2, XH 50	X 4; XC 42; XB 2
Zahl der Bohrungen	15	3	6	5	8
Gesamtbohrmeter in m	1.600,80	214,65	334,35	991,09	397,52
Mittlere Teufe in m	106,72	71,55	55,73	198,22	49,69
Mittlerer Bohrfortschritt in Bohrmeter je Bohrschicht	5,26	3,54	2,93	3,56	5,88
Durchbohrtes Gestein in %					
Quarzit bzw. Grauwacke	38,8	34,7	55,1	38,0	20,2
Schiefer	35,8	58,6	42,0	51,5	57,5
sandige Übergangsgesteine	25,4	6,7	2,9	10,5	22,3
Mittlere Kronenstanddauer in Bm	21,85	21,43	18,27	24,50	23,75
Mittlerer Karatverbrauch je Bm	0,119* (0,143*)	0,163	0,180	0,089	0,101
Mittlerer Kerngewinn in %	87,38	81,20	86,10	89,00	87,55
Gesamtkosten in DM je Bohrmeter	38,35	38,36	50,43	49.48	45,75

* Unter Einrechnung der Totalverluste an Bohrkronen auf Grund außergewöhnlicher Schwierigkeiten

Neben den bisher erzielten und dargestellten, rein technischen Leistungen und Erfolgen war natürlich die Untersuchung der Ramsbecker Lagerstätte und erneute montangeologische Bearbeitung entscheidend für die Durchführung des gesamten Bohrprogramms. Hier ist zu sagen, daß ein solch umfangreiches Bohrprogramm nur dann sinnvoll ist, wenn die Angabe der Ansatzpunkte der Bohrungen und die Auswertung der Bohrkerne laufend von einem Sachbearbeiter erfolgt, der ausreichende geologische und insbesondere auch tektonische Kenntnisse besitzt, und der sich bereits vor der Aufnahme des Bohrprogramms mit der Lagerstätte vertraut gemacht hat. In Ramsbeck ergab sich die glückliche Lösung, daß ein sich auf die Bearbeitung montangeologischer Fragen spezialisierender Diplom-Bergingenieur die montangeologische Bearbeitung der Ramsbecker Lagerstätte im Rahmen seiner Dissertation über dieses Thema gleichzeitig mit der Planung des Bohrprogramms und der Auswertung der Bohrkerne durchführte. Die Bohrungen haben einen sehr wertvollen Beitrag zur stratigraphischen Untersuchung des Ramsbecker Gebirges geleistet und den Beweis für das Fortsetzen der höffigen Schichten in große Teufen erbracht. Gleichzeitig konnten Höffigkeitszonen eingegrenzt werden und in gewissem Umfang auch Folgerungen für die bergmännischen Aus- und Vorrichtungsarbeiten gezogen werden.

Es wurden unter Tage zwei Gänge, deren Auftreten in dem gebauten Niveau noch unklar war, durch Bohrungen sehr gut erfaßt, so daß sie durch bergmännische Arbeiten angefahren und aufgeschlossen werden konnten. Zur Zeit sind diese beiden Gänge bereits insgesamt 400 m streichend und 120 m im Einfallen untersucht und mit über 50 % der Gangfläche als bauwürdig vererzt angetroffen worden.

7. Zusammenfassung

Die Forderung, den Metallerzbergbau wirtschaftlich zu gestalten, zwang dazu, die Förderung bis zum Erreichen des optimalen Betriebspunktes zu erhöhen und damit in erheblichem Umfang auch den Substanzverzehr der begrenzten aufgeschlossenen sicheren Erzvorräte gegenüber früheren Betriebsperioden zu steigern.

Auf der Suche nach Untersuchungsverfahren, die den Zeitbedarf für eine großräumige Erforschung der Lagerstätte verringern und gleichzeitig den Aufwand an sehr teuren bergmännischen Untersuchungs- und Ausrichtungsarbeiten senken würden, erfolgte der Entschluß zur Erprobung des Diamantkernbohrverfahrens mit kleinen Bohrlochdurchmessern. Die an dieses Verfahren gestellten Erwartungen wurden voll erfüllt. Es gibt bei tragbaren Kosten, die für die Ramsbecker Verhältnisse zwischen 38,-- DM je Bohrmeter bei 100 m Teufe und 184,-- DM je Bohrmeter bei 1 100 m Teufe liegen, vollen Aufschluß über die Stratigraphie der durchbohrten Gebirgsschichten, erlaubt Rückschlüsse auf die Tektonik und ermöglicht einem kundigen Bearbeiter, wesentliche Rückschlüsse und Folgerungen zu ziehen für den Ansatz und die Planung der bergmännischen Untersuchungs- und Ausrichtungsarbeiten. Der Übergang auf das Bohren in eigener Regie verlief reibungslos und ermöglichte die Durchführung eines umfangreichen Bohrprogramms mit bisher insgesamt etwa 7 000 Bohrmetern bei sehr niedrigen Kosten.

Es darf aber nicht übersehen werden, daß trotzdem auf bergmännische Untersuchungsarbeiten nicht verzichtet werden kann und jetzt, aufbauend auf den Ergebnissen des Bohrprogramms, diese bergmännischen Arbeiten anlaufen.

Dipl.-Ing. Otto ARNOLD, Aachen

FORSCHUNGSBERICHTE DES WIRTSCHAFTS- UND VERKEHRSMINISTERIUMS NORDRHEIN-WESTFALEN

Herausgegeben von Staatssekretär Prof. Dr. h. c. Leo Brandt

HEFT 1
Prof. Dr.-Ing. E. Flegler, Aachen
Untersuchungen oxydischer Ferromagnet-Werkstoffe
1952, 20 Seiten, DM 6,75

HEFT 2
Prof. Dr. W. Fuchs, Aachen
Untersuchungen über absatzfreie Teeröle
1952, 32 Seiten, 5 Abb., 6 Tabellen, DM 10,—

HEFT 3
Techn.-Wissenschaftl. Büro für die Bastfaserindustrie, Bielefeld
Untersuchungsarbeiten zur Verbesserung des Leinenwebstuhls
1952, 44 Seiten, 7 Abb., 3 Tabellen, DM 12,50

HEFT 4
Prof. Dr. E. A. Müller und Dipl.-Ing. H. Spitzer, Dortmund
Untersuchungen über die Hitzebelastung in Hüttenbetrieben
1952, 28 Seiten, 5 Abb., 1 Tabelle, DM 9,—

HEFT 5
Dipl.-Ing. W. Fister, Aachen
Prüfstand der Turbinenuntersuchungen
1952, 40 Seiten, 30 Abb., 3 Schaltbilder, DM 1,—

HEFT 6
Prof. Dr. W. Fuchs, Aachen
Untersuchungen über die Zusammensetzung und Verwendbarkeit von Schwelteerfraktionen
1952, 36 Seiten, DM 10,50

HEFT 7
Prof. Dr. W. Fuchs, Aachen
Untersuchungen über emsländisches Petrolatum
1952, 36 Seiten, 1 Abb., 17 Tabellen, DM 10,50

HEFT 8
M. E. Meffert und H. Stratmann, Essen
Algen-Großkulturen im Sommer 1951
1953, 52 Seiten, 4 Abb., 20 Tabellen, DM 9,75

HEFT 9
Techn.-Wissenschaftl. Büro für die Bastfaserindustrie, Bielefeld
Untersuchungen über die zweckmäßige Wicklungsart von Leinengarnkreuzspulen unter Berücksichtigung der Anwendung hoher Geschwindigkeiten des Garnes
Vorversuche für Zetteln und Schären von Leinengarnen auf Hochleistungsmaschinen
1952, 48 Seiten, 7 Abb., 7 Tabellen, DM 9,25

HEFT 10
Prof. Dr. W. Vogel, Köln
„Das Streifenpaar" als neues System zur mechanischen Vergrößerung kleiner Verschiebungen und seine technischen Anwendungsmöglichkeiten
1953, 20 Seiten, 6 Abb., DM 4,50

HEFT 11
Laboratorium für Werkzeugmaschinen und Betriebslehre, Technische Hochschule Aachen
1. Untersuchungen über Metallbearbeitung im Fräsvorgang mit Hartmetallwerkzeugen und negativem Spanwinkel
2. Weiterentwicklung des Schleifverfahrens für die Herstellung von Präzisionswerkstücken unter Vermeidung hoher Temperaturen
3. Untersuchung von Oberflächenveredlungsverfahren zur Steigerung der Belastbarkeit hochbeanspruchter Bauteile
1953, 80 Seiten, 61 Abb., DM 15,75

HEFT 12
Elektrowärme-Institut, Langenberg (Rhld.)
Induktive Erwärmung mit Netzfrequenz
1952, 22 Seiten, 6 Abb., DM 5,20

HEFT 13
Techn.-Wissenschaftl. Büro für die Bastfaserindustrie, Bielefeld
Das Naßspinnen von Bastfasergarnen mit chemischen Zusätzen zum Spinnbad
1953, 52 Seiten, 4 Abb., 19 Tabellen, DM 10,—

HEFT 14
Forschungsstelle für Acetylen, Dortmund
Untersuchungen über Aceton als Lösungsmittel für Acetylen
1952, 64 Seiten, 10 Abb., 26 Tabellen, DM 12,25

HEFT 15
Wäschereiforschung Krefeld
Trocknen von Wäschestoffen
1953, 48 Seiten, 14 Abb., 2 Tabellen, DM 9,—

HEFT 16
Max-Planck-Institut für Kohlenforschung, Mülheim a. d. Ruhr
Arbeiten des MPI für Kohlenforschung
1953, 104 Seiten, 9 Abb., DM 17,80

HEFT 17
Ingenieurbüro Herbert Stein, M.-Gladbach
Untersuchung der Verzugsvorgänge in den Streckwerken verschiedener Spinnereimaschinen. 1. Bericht: Vergleichende Prüfung mit verschiedenen Dickenmeßgeräten
1952, 36 Seiten, 15 Abb., DM 8,—

HEFT 18
Wäschereiforschung Krefeld
Grundlagen zur Erfassung der chemischen Schädigung beim Waschen
1953, 68 Seiten, 15 Abb., 15 Tabellen, DM 12,75

HEFT 19
Techn.-Wissenschaftl. Büro für die Bastfaserindustrie, Bielefeld
Die Auswirkung des Schlichtens von Leinengarnketten auf den Verarbeitungswirkungsgrad, sowie die Festigkeit und Dehnungsverhältnisse der Garne und Gewebe
1953, 48 Seiten, 1 Abb., 9 Tabellen, DM 9,—

HEFT 20
Techn.-Wissenschaftl. Büro für die Bastfaserindustrie, Bielefeld
Trocknung von Leinengarnen I
Vorgang und Einwirkung auf die Garnqualität
1953, 62 Seiten, 18 Abb., 5 Tabellen, DM 12,—

HEFT 21
Techn.-Wissenschaftl. Büro für die Bastfaserindustrie, Bielefeld
Trocknung von Leinengarnen II
Spulenanordnung und Luftführung beim Trocknen von Kreuzspulen
1953, 66 Seiten, 22 Abb., 9 Tabellen, DM 13,—

HEFT 22
Techn.-Wissenschaftl. Büro für die Bastfaserindustrie, Bielefeld
Die Reparaturanfälligkeit von Webstühlen
1953, 28 Seiten, 7 Abb., 5 Tabellen, DM 5,80

HEFT 23
Institut für Starkstromtechnik, Aachen
Rechnerische und experimentelle Untersuchungen zur Kenntnis der Metadyne als Umformer von konstanter Spannung auf konstanten Strom
1953, 52 Seiten, 20 Abb., 4 Tafeln, DM 9,75

HEFT 24
Institut für Starkstromtechnik, Aachen
Vergleich verschiedener Generator-Metadyne-Schaltungen in bezug auf statisches Verhalten
1952, 44 Seiten, 23 Abb., DM 8,50

HEFT 25
Gesellschaft für Kohlentechnik mbH., Dortmund-Eving
Struktur der Steinkohlen und Steinkohlen-Kokse
1953, 58 Seiten, DM 11,—

HEFT 26
Techn.-Wissenschaftl. Büro für die Bastfaserindustrie, Bielefeld
Vergleichende Untersuchungen zweier neuzeitlicher Ungleichmäßigkeitsprüfer für Bänder und Garne hinsichtlich ihrer Eignung für die Bastfaserspinnerei
1953, 64 Seiten, 30 Abb., DM 12,50

HEFT 27
Prof. Dr. E. Schratz, Münster
Untersuchungen zur Rentabilität des Arzneipflanzenanbaues Römische Kamille, Anthemis nobilis L.
1953, 16 Seiten, 1 Tabelle, DM 3,60

HEFT 28
Prof. Dr. E. Schratz, Münster
Calendula officinalis L. Studien zur Ernährung, Blütenfüllung und Rentabilität der Drogengewinnung
1953, 24 Seiten, 2 Abb., 3 Tabellen, DM 5,20

HEFT 29
Techn.-Wissenschaftl. Büro für die Bastfaserindustrie, Bielefeld
Die Ausnützung der Leinengarne in Geweben
1953, 100 Seiten, 14 Abb., 10 Tabellen, DM 17,80

HEFT 30
Gesellschaft für Kohlentechnik mbH., Dortmund-Eving
Kombinierte Entaschung und Verschwelung von Steinkohle; Aufarbeitung von Steinkohlenschlämmen zu verkokbarer oder verschwelbarer Kohle
1953, 56 Seiten, 16 Abb., 10 Tabellen, DM 10,50

HEFT 31
Dipl.-Ing. A. Stormanns, Essen
Messung des Leistungsbedarfs von Doppelsteg-Kettenförderern
1954, 54 Seiten, 18 Abb., 3 Anlagen, DM 11,—

HEFT 32
Techn.-Wissenschaftl. Büro für die Bastfaserindustrie, Bielefeld
Der Einfluß der Natriumchloridbleiche auf Qualität und Verwebbarkeit von Leinengarnen und die Eigenschaften der Leinengewebe unter besonderer Berücksichtigung des Einsatzes von Schützen- und Spulenwechselautomaten in der Leinenweberei
1953, 64 Seiten, 2 Abb., 12 Tabellen, DM 11,50

HEFT 33
Kohlenstoffbiologische Forschungsstation e. V.
Eine Methode zur Bestimmung von Schwefeldioxyd und Schwefelwasserstoff in Rauchgasen und in der Atmosphäre
1953, 32 Seiten, 8 Abb., 3 Tabellen, DM 6,50

HEFT 34
Textilforschungsanstalt Krefeld
Quellungs- und Entquellungsvorgänge bei Faserstoffen
1953, 52 Seiten, 13 Abb., 13 Tabellen, DM 9,80

WESTDEUTSCHER VERLAG · KÖLN UND OPLADEN
567 Opladen/Rhld., Ophovener Straße 1–3

HEFT 35

Professor Dr. W. Kast, Krefeld

Feinstrukturuntersuchungen an künstlichen Zellulosefasern verschiedener Herstellungsverfahren. Teil I: Der Orientierungszustand

1953, 74 Seiten, 30 Abb., 7 Tabellen, DM 13,80

HEFT 36

Forschungsinstitut der feuerfesten Industrie, Bonn

Untersuchungen über die Trocknung von Rohton

Untersuchungen über die chemische Reinigung von Silika- und Schamotte-Rohstoffen mit chlorhaltigen Gasen

1953, 60 Seiten, 5 Abb., 5 Tabellen, DM 11,—

HEFT 37

Forschungsinstitut der feuerfesten Industrie, Bonn

Untersuchungen über den Einfluß der Probenvorbereitung auf die Kaltdruckfestigkeit feuerfester Steine

1953, 40 Seiten, 2 Abb., 5 Tabellen, DM 7,80

HEFT 38

Forschungsstelle für Acetylen, Dortmund

Untersuchungen über die Trocknung von Acetylen zur Herstellung von Dissousgas

1953, 36 Seiten, 11 Abb., 3 Tabellen, DM 6,80

HEFT 39

Forschungsgesellschaft Blechverarbeitung e. V., Düsseldorf

Untersuchungen an prägegemusterten und vorgelochten Blechen

1953, 46 Seiten, 34 Abb., DM 9,50

HEFT 40

Landesgeologe Dr.-Ing. W. Wolff, Amt für Bodenforschung, Krefeld

Untersuchungen über die Anwendbarkeit geophysikalischer Verfahren zur Untersuchung von Spateisengängen im Siegerland

1953, 46 Seiten, 8 Abb., DM 8,80

HEFT 41

Techn.-Wissenschaftl. Büro für die Bastfaserindustrie, Bielefeld

Untersuchungsarbeiten zur Verbesserung des Leinenwebstuhles II

1953, 40 Seiten, 4 Abb., 5 Tabellen, DM 7,80

HEFT 42

Professor Dr. B. Helferich, Bonn

Untersuchungen über Wirkstoffe — Fermente — in der Kartoffel und die Möglichkeit ihrer Verwendung

1953, 58 Seiten, 9 Abb., DM 11,—

HEFT 43

Forschungsgesellschaft Blechverarbeitung e. V., Düsseldorf

Forschungsergebnisse über das Beizen von Blechen

1953, 48 Seiten, 38 Abb., 2 Tabellen, DM 11,30

HEFT 44

Arbeitsgemeinschaft für praktische Dehnungsmessung, Düsseldorf

Eigenschaften und Anwendungen von Dehnungsmeßstreifen

1953, 68 Seiten, 43 Abb., 2 Tabellen, DM 13,70

HEFT 45

Losenhausenwerk Düsseldorfer Maschinenbau AG., Düsseldorf

Untersuchungen von störenden Einflüssen auf die Lastgrenzenanzeige von Dauerschwingprüfmaschinen

1953, 36 Seiten, 11 Abb., 3 Tabellen, DM 7,25

HEFT 46

Prof. Dr. W. Fuchs, Aachen

Untersuchungen über die Aufbereitung von Wasser für die Dampferzeugung in Benson-Kesseln

1953, 58 Seiten, 18 Abb., 9 Tabellen, DM 11,20

HEFT 47

Prof. Dr.-Ing. K. Krekeler, Aachen

Versuche über die Anwendung der induktiven Erwärmung zum Sintern von hochschmelzenden Metallen sowie zur Anlegierung und Vergütung von aufgespritzten Metallschichten mit dem Grundwerkstoff

1954, 66 Seiten, 39 Abb., DM 13,90

HEFT 48

Max-Planck-Institut für Eisenforschung, Düsseldorf

Spektrochemische Analyse der Gefügebestandteile in Stählen nach ihrer Isolierung

1953, 38 Seiten, 8 Abb., 5 Tabellen, DM 7,80

HEFT 49

Max-Planck-Institut für Eisenforschung, Düsseldorf

Untersuchungen über Ablauf der Desoxydation und die Bildung von Einschlüssen in Stählen

1953, 52 Seiten, 19 Abb., 3 Tabellen, DM 12,40

HEFT 50

Max-Planck-Institut für Eisenforschung, Düsseldorf

Flammenspektralanalytische Untersuchung der Ferritzusammensetzung in Stählen

1953, 44 Seiten, 15 Abb., 4 Tabellen, DM 8,60

HEFT 51

Verein zur Förderung von Forschungs- und Entwicklungsarbeiten in der Werkzeugindustrie e. V., Remscheid

Untersuchungen an Kreissägeblättern für Holz, Fehler- und Spannungsprüfverfahren

1953, 50 Seiten, 23 Abb., DM 10,—

HEFT 52

Forschungsstelle für Acetylen, Dortmund

Untersuchungen über den Umsatz bei der explosiblen Zersetzung von Azetylen

a) Zersetzung von gasförmigem Azetylen

b) Zersetzung von an Silikagel absorbiertem Azetylen

1954, 48 Seiten, 8 Abb., 10 Tabellen, DM 9,25

HEFT 53

Professor Dr.-Ing. H. Opitz, Aachen

Reibwert und Verschleißmessungen an Kunststoffgleitführungen für Werkzeugmaschinen

1954, 38 Seiten, 18 Abb., DM 8,20

HEFT 54

Professor Dr.-Ing. F. A. F. Schmidt, Aachen

Schaffung von Grundlagen für die Erhöhung der spez. Leistung und Herabsetzung des spez. Brennstoffverbrauches bei Ottomotoren mit Teilbericht über Arbeiten an einem neuen Einspritzverfahren

1954, 34 Seiten, 15 Abb., DM 7,40

HEFT 55

Forschungsgesellschaft Blechverarbeitung e. V., Düsseldorf

Chemisches Glänzen von Messing und Neusilber

1954, 50 Seiten, 21 Abb., 1 Tabelle, DM 10,20

HEFT 56

Forschungsgesellschaft Blechverarbeitung e. V., Düsseldorf

Untersuchungen über einige Probleme der Behandlung von Blechoberflächen

1954, 52 Seiten, 42 Abb., DM 11,20

HEFT 57

Prof. Dr.-Ing. F. A. F. Schmidt, Aachen

Untersuchungen zur Erforschung des Einflusses des chemischen Aufbaues des Kraftstoffes auf sein Verhalten im Motor und in Brennkammern von Gasturbinen

1954, 70 Seiten, 32 Abb., DM 14,60

HEFT 58

Gesellschaft für Kohlentechnik mbH., Dortmund

Herstellung und Untersuchung von Steinkohlenschwelteer

1954, 74 Seiten, 9 Abb., 9 Tabellen, DM 13,75

HEFT 59

Forschungsinstitut der Feuerfest-Industrie e. V., Bonn

Ein Schnellanalysenverfahren zur Bestimmung von Aluminiumoxyd, Eisenoxyd und Titanoxyd in feuerfestem Material mittels organischer Farbreagenzien auf photometrischem Wege

Untersuchungen des Alkali-Gehaltes feuerfester Stoffe mit dem Flammenphotometer nach Riehm-Lange

1954, 62 Seiten, 12 Abb., 3 Tabellen, DM 11,60

HEFT 60

Forschungsgesellschaft Blechverarbeitung e. V., Düsseldorf

Untersuchungen über das Spritzlackieren im elektrostatischen Hochspannungsfeld

1954, 82 Seiten, 53 Abb., 7 Tabellen, DM 17,—

HEFT 61

Verein zur Förderung von Forschungs- und Entwicklungsarbeiten in der Werkzeugindustrie e. V., Remscheid

Schwingungs- und Arbeitsverhalten von Kreissägeblättern für Holz

1954, 54 Seiten, 31 Abb., DM 11,40

HEFT 62

Professor Dr. W. Franz, Institut für theoretische Physik der Universität Münster

Berechnung des elektrischen Durchschlags durch feste und flüssige Isolatoren

1954, 36 Seiten, DM 7,—

HEFT 63

Textilforschungsanstalt Krefeld

Neue Methoden zur Untersuchung der Wirkungsweise von Textilhilfsmitteln

Untersuchungen über Schlichtungs- und Entschlichtungsvorgänge

1954, 34 Seiten, 1 Abb., 5 Tabellen, DM 6,80

HEFT 64

Textilforschungsanstalt Krefeld

Die Kettenlängenverteilung von hochpolymeren Faserstoffen

Über die fraktionierte Fällung von Polyamiden

1954, 44 Seiten, 13 Abb., DM 8,60

HEFT 65

Fachverband Schneidwarenindustrie, Solingen

Untersuchungen über das elektrolytische Polieren von Tafelmesserklingen aus rostfreiem Stahl

1954, 90 Seiten, 38 Abb., 9 Tabellen, DM 17,35

HEFT 66

Dr.-Ing. P. Füsgen VDI †, Düsseldorf

Untersuchungen über das Auftreten des Ratterns bei selbsthemmenden Schneckengetrieben und seine Verhütung

1954, 32 Seiten, 5 Abb., DM 6,60

HEFT 67

Heinrich Wösthoff o. H. G., Apparatebau, Bochum

Entwicklung einer chemisch-physikalischen Apparatur zur Bestimmung kleinster Kohlenoxyd-Konzentrationen

1954, 94 Seiten, 48 Abb., 2 Tabellen, DM 18,25

HEFT 68

Kohlenstoffbiologische Forschungsstation e. V., Essen

Algengroßkulturen im Sommer 1952

II. Über die unsterile Großkultur von Scenedesmus obliquus

1954, 62 Seiten, 3 Abb., 29 Tabellen, DM 11,40

HEFT 69

Wäschereiforschung Krefeld

Bestimmung des Faserabbaues bei Leinen unter besonderer Berücksichtigung der Leinengarnbleiche

1954, 48 Seiten, 15 Abb., 3 Tabellen, DM 9,60

HEFT 70

Wäschereiforschung Krefeld

Trocknen von Wäschestoffen

1954, 52 Seiten, 18 Abb., 3 Tabellen, DM 10,—

HEFT 71

Prof. Dr.-Ing. K. Leist, Aachen

Kleingasturbinen, insbesondere zum Fahrzeugantrieb

1954, 114 Seiten, 85 Abb., DM 22,—

HEFT 72

Prof. Dr.-Ing. K. Leist, Aachen

Beitrag zur Untersuchung von stehenden geraden Turbinengittern mit Hilfe von Druckverteilungsmessungen

1954, 152 Seiten, 111 Abb., DM 36,20

HEFT 73

Prof. Dr.-Ing. K. Leist, Aachen

Spannungsoptische Untersuchungen von Turbinenschaufelfüßen

1954, 66 Seiten, 46 Abb., 2 Tabellen, DM 14,60

HEFT 74

Max-Planck-Institut für Eisenforschung, Düsseldorf

Versuche zur Klärung des Umwandlungsverhaltens eines sonderkarbidbildenden Chromstahls

1954, 58 Seiten, 10 Abb., DM 14,—

HEFT 75

Max-Planck-Institut für Eisenforschung, Düsseldorf

Zeit-Temperatur-Umwandlungs-Schaubilder als Grundlage der Wärmebehandlung der Stähle

1954, 44 Seiten, 13 Abb., DM 8,70

HEFT 76

Max-Planck-Institut für Arbeitsphysiologie, Dortmund

Arbeitstechnische und arbeitsphysiologische Rationalisierung von Mauersteinen

1954, 52 Seiten, 12 Abb., 3 Tabellen, DM 10,20

HEFT 77

Meteor Apparatebau Paul Schmeck GmbH., Siegen

Entwicklung von Leuchtstoffröhren hoher Leistung

1954, 46 Seiten, 12 Abb., 2 Tabellen, DM 9,15

HEFT 78

Forschungsstelle für Acetylen, Dortmund

Über die Zustandsgleichung des gasförmigen Acetylens und das Gleichgewicht Acetylen — Aceton

1954, 42 Seiten, 3 Abb., 8 Tabellen, DM 8,—

HEFT 79

Techn.-Wissenschaftl. Büro für die Bastfaserindustrie, Bielefeld

Trocknung von Leinengarnen III

Spinnspulen- und Spinnkopstrocknung

Vorgang und Einwirkung auf die Garnqualität

1954, 74 Seiten, 18 Abb., 10 Tabellen, DM 14,—

WESTDEUTSCHER VERLAG · KÖLN UND OPLADEN

567 Opladen/Rhld., Ophovener Straße 1–3

HEFT 80
Techn.-Wissenschaftl. Büro für die Bastfaserindustrie, Bielefeld
Die Verarbeitung von Leinengarn auf Webstühlen mit und ohne Oberbau
1954, 30 Seiten, 2 Abb., 2 Tabellen, DM 6,—

HEFT 81
Prüf- und Forschungsinstitut für Ziegeleierzeugnisse, Essen-Kray
Die Einführung des großformatigen Einheits-Gitterziegels im Lande Nordrhein-Westfalen
1954, 54 Seiten, 2 Abb., 2 Tabellen, DM 10,—

HEFT 82
Vereinigte Aluminium-Werke AG., Bonn
Forschungsarbeiten auf dem Gebiet der Veredelung von Aluminium-Oberflächen
1954, 46 Seiten, 34 Abb., DM 9,60

HEFT 83
Prof. Dr. S. Strugger, Münster
Über die Struktur der Proplastiden
1954, 30 Seiten, 15 Abb., DM 8,40

HEFT 84
Dr. H. Baron, Düsseldorf
Über Standardisierung von Wundtextilien
1954, 32 Seiten, DM 6,40

HEFT 85
Textilforschungsanstalt Krefeld
Physikalische Untersuchungen an Fasern, Fäden, Garnen und Geweben:
Untersuchungen am Knickscheuergerät nach Weltzien
1954, 40 Seiten, 11 Abb., 8 Tabellen, DM 10,—

HEFT 86
Prof. Dr.-Ing. H. Opitz, Aachen
Untersuchungen über das Fräsen von Baustahl sowie über den Einfluß des Gefüges auf die Zerspanbarkeit
1954, 108 Seiten, 73 Abb., 7 Tabellen, DM 22,—

HEFT 87
Gemeinschaftsausschuß Verzinken, Düsseldorf
Untersuchungen über Güte von Verzinkungen
1954, 68 Seiten, 56 Abb., 3 Tabellen, DM 15,30

HEFT 88
Gesellschaft für Kohlentechnik mbH., Dortmund-Eving
Oxydation von Steinkohle mit Salpetersäure
1954, 62 Seiten, 2 Abb., 1 Tabelle, DM 11,50

HEFT 89
Verein Deutscher Ingenieure, Gleitlagerforschung, Düsseldorf und Prof. Dr.-Ing. G. Vogelpohl, Göttingen
Versuche mit Preßstoff-Lagern für Walzwerke
1954, 70 Seiten, 34 Abb., DM 14,10

HEFT 90
Forschungs-Institut der Feuerfest-Industrie, Bonn
Das Verhalten von Silikasteinen im Siemens-Martin-Ofengewölbe
1954, 62 Seiten, 15 Abb., 11 Tabellen, DM 11,90

HEFT 91
Forschungs-Institut der Feuerfest-Industrie, Bonn
Untersuchungen des Zusammenhangs zwischen Leistung und Kohlenverbrauch von Kammeröfen zum Brennen von feuerfesten Materialien
1954, 42 Seiten, 6 Abb., DM 8,30

HEFT 92
Techn.-Wissenschaftl. Büro für die Bastfaserindustrie, Bielefeld und Laboratorium für textile Meßtechnik, M.-Gladbach
Messungen von Vorgängen am Webstuhl
1954, 76 Seiten, 45 Abb., DM 15,50

HEFT 93
Prof. Dr. W. Kast, Krefeld
Spinnversuche zur Strukturerfassung künstlicher Zellulosefasern
1954, 82 Seiten, 39 Abb., 6 Tabellen, DM 16,—

HEFT 94
Prof. Dr. G. Winter, Bonn
Die Heilpflanzen des MATTHIOLUS (1611) gegen Infektionen der Harnwege und Verunreinigung der Wunden bzw. zur Förderung der Wundheilung im Lichte der Antibiotikaforschung
1954, 58 Seiten, 1 Abb., 2 Tabellen, DM 11,50

HEFT 95
Prof. Dr. G. Winter, Bonn
Untersuchungen über die flüchtigen Antibiotika aus der Kapuziner- (Tropaeolum maius) und Gartenkresse (Lepidium sativum) und ihr Verhalten im menschlichen Körper bei Aufnahme von Kapuziner- bzw. Gartenkressensalat per os
1955, 74 Seiten, 9 Abb., 25 Tabellen, DM 14,—

HEFT 96
Dr.-Ing. P. Koch, Dortmund
Austritt von Exoelektronen aus Metalloberflächen unter Berücksichtigung der Verwendung des Effektes für die Materialprüfung
1954, 34 Seiten, 13 Abb., DM 7,—

HEFT 97
Ing. H. Stein, Laboratorium für textile Meßtechnik, M.-Gladbach
Untersuchung der Verzugsvorgänge an den Streckwerken verschiedener Spinnereimaschinen
2. Bericht: Ermittlung der Haft-Gleiteigenschaften von Faserbändern und Vorgarnen
1955, 98 Seiten, 54 Abb., DM 21,—

HEFT 98
Fachverband Gesenkschmieden, Hagen
Die Arbeitsgenauigkeit beim Gesenkschmieden unter Hämmern
1955, 132 Seiten, 55 Abb., 9 Tabellen, DM 24,75

HEFT 99
Prof. Dr.-Ing. G. Garbotz, Aachen
Der Kraft- und Arbeitsaufwand sowie die Leistungen beim Biegen von Bewehrungsstählen in Abhängigkeit von den Abmessungen, den Formen und der Güte der Stähle (Ermittlung von Leistungsrichtlinien)
1955, 136 Seiten, 53 Abb., 3 Anlagen, 18 Tabellen, DM 30,—

HEFT 100
Prof. Dr.-Ing. H. Opitz, Aachen
Untersuchungen von elektrischen Antrieben, Steuerungen und Regelungen an Werkzeugmaschinen
1955, 166 Seiten, 71 Abb., 3 Tabellen, DM 31,30

HEFT 101
Prof. Dr.-Ing. H. Opitz, Aachen
Wirtschaftlichkeitsbetrachtungen beim Außenrundschleifen
1955, 100 Seiten, 56 Abb., 3 Tabellen, DM 19,30

HEFT 102
Dr. P. Hölemann, Ing. R. Hasselmann und Ing. G. Dix, Dortmund
Untersuchungen über die thermische Zündung von explosiblen Acetylenzersetzungen in Kapillaren
1954, 44 Seiten, 5 Abb., 4 Tabellen, DM 8,60

HEFT 103
Prof. Dr. W. Weizel, Bonn
Durchführung von experimentellen Untersuchungen über den zeitlichen Ablauf von Funken in komprimierten Edelgasen sowie zu deren mathematischen Berechnung
1955, 46 Seiten, 12 Abb., DM 9,10

HEFT 104
Prof. Dr. W. Weizel, Bonn
Über den Einfluß der Elektroden auf die Eigenschaften von Cadmium-Sulfid-Widerstands-Photozellen
1955, 48 Seiten, 12 Abb., DM 9,45

HEFT 105
Dr.-Ing. R. Meldau, Harsewinkel/Westf.
Auswertung von Gekörn — Analysen des Musterstaubes „Flugasche Fortuna I"
1955, 42 Seiten, 14 Abb., DM 8,50

HEFT 106
ORR. Dr.-Ing. W. Küch, Dortmund
Untersuchungen über die Einwirkung von feuchtigkeitsgesättigter Luft auf die Festigkeit von Leimverbindungen
1954, 60 Seiten, 10 Abb., 6 Tabellen, DM 11,40

HEFT 107
Prof. Dr. H. Lange and Dipl.-Phys. P. St. Pütter, Köln
Über die Konstruktion von Laboratoriumsmagneten
1955, 66 Seiten, 19 Abb., 1 Tabelle, DM 12,30

HEFT 108
Prof. Dr. W. Fuchs, Aachen
Untersuchungen über neue Beizmethoden und Beizabwässer
I. Die Entzunderung von Drähten mit Natriumhydrid
II. Die Aufbereitung von Beizabwässern
1955, 82 S., 15 Abb., 14 Tabellen, 1 Falttafel, DM 15,25

HEFT 109
Dr. P. Hölemann und Ing. R. Hasselmann, Dortmund
Untersuchungen über die Löslichkeit von Azetylen in verschiedenen organischen Lösungsmitteln
1954, 42 Seiten, 10 Abb., 8 Tabellen, DM 8,30

HEFT 110
Dr. P. Hölemann und Ing. R. Hasselmann, Dortmund
Untersuchungen über den Druckverlauf bei der explosiblen Zersetzung von gasförmigem Azetylen
1955, 54 Seiten, 10 Abb., 5 Tabellen, DM 11,—

HEFT 111
Fachverband Steinzeugindustrie, Köln
Die Entwicklung eines Gerätes zur Beschickung seitlicher Feuer von Steinzeug-Einzelkammeröfen mit festen Brennstoffen
1955, 46 Seiten, 16 Abb., DM 9,40

HEFT 112
Prof. Dr.-Ing. H. Opitz, Aachen
Verschleißmessungen beim Drehen mit aktivierten Hartmetallwerkzeugen
1954, 44 Seiten, 17 Abb., 6 Tabellen, DM 8,80

HEFT 113
Prof. Dr. O. Graf, Dortmund
Erforschung der geistigen Ermüdung und nervösen Belastung: Studien über die vegetative 24-Stunden-Rhythmik in Ruhe und unter Belastung
1955, 40 Seiten, 12 Abb., DM 8,20

HEFT 114
Prof. Dr. O. Graf, Dortmund
Studien über Fließarbeitsprobleme an einer praxisnahen Experimentieranlage
1954, 34 Seiten, 6 Abb., DM 7,—

HEFT 115
Prof. Dr. O. Graf, Dortmund
Studium über Arbeitspausen in Betrieben bei freier und zeitgebundener Arbeit (Fließarbeit) und ihre Auswirkung auf die Leistungsfähigkeit
1955, 50 Seiten, 13 Abb., 2 Tabellen, DM 9,80

HEFT 116
Prof. Dr.-Ing. E. Siebel und Dr.-Ing. H. Weiss, Stuttgart
Untersuchungen an einigen Problemen des Tiefziehens — I. Teil
1955, 74 Seiten, 50 Abb., 5 Tabellen, DM 14,50

HEFT 117
Dr.-Ing. H. Beißwänger, Stuttgart, und Dr.-Ing. S. Schwandt, Trier
Untersuchungen an einigen Problemen des Tiefziehens — II. Teil
1955, 92 Seiten, 34 Abb., 8 Tabellen, DM 17,70

HEFT 118
Prof. Dr. E. A. Müller und Dr. H. G. Wenzel, Dortmund
Neuartige Klima-Anlage zur Erzeugung ungleicher Luft- und Strahlungstemperaturen in einem Versuchsraum
1955, 68 Seiten, 10 z. T. mehrfarb. Abb., DM 14,—

HEFT 119
Dr.-Ing. O. Viertel, Krefeld
Wäscherei- und energietechnische Untersuchung einer Gemeinschafts-Waschanlage
1955, 50 Seiten, 18 Abb., DM 10,20

HEFT 120
Dipl.-Ing. A. Weisbecker, Lüdenscheid
Über Anfressung an Reinstaluminium-Schweißnähten bei der elektrolytischen Oxydation
Gebr. Hörstermann GmbH., Velbert
Entwicklung und Erprobung eines neuartigen Gummibandförderers
1955, 46 Seiten, 18 Abb., DM 9,70

HEFT 121
Dr. H. Krebs, Bonn
I. Die Struktur und die Eigenschaften der Halbmetalle
II. Die Bestimmung der Atomverteilung in amorphen Substanzen
III. Die chemische Bindung in anorganischen Festkörpern und das Entstehen metallischer Eigenschaften
1955, 124 Seiten, 36 Abb., 13 Tabellen, DM 22,90

HEFT 122
Prof. Dr. W. Fuchs, Aachen
Untersuchungen zur Verbesserung der Wasseraufbereitung und Wasseranalyse:
Über die Schnellbewertung von Ionenaustauscher
1955, 62 Seiten, 32 Abb., DM 12,30

HEFT 123
Dipl.-Ing. J. Emondts, Aachen
Über Bodenverformungen bei stark gestörtem und mächtigem, wasserführendem Deckgebirge im Aachener Steinkohlengebiet
1955, 196 Seiten, 37 Abb., 10 Tabellen, DM 28,80

HEFT 124
Prof. Dr. R. Seyffert, Köln
Wege und Kosten der Distribution der Hausratwaren im Lande Nordrhein-Westfalen
1955, 74 Seiten, 25 Tabellen, DM 9,—

WESTDEUTSCHER VERLAG · KÖLN UND OPLADEN
567 Opladen/Rhld., Ophovener Straße 1–3

HEFT 125
Prof. Dr. E. Kappler, Münster
Eine neue Methode zur Bestimmung von Kondensations-Koeffizienten von Wasser
1955, 46 Seiten, 11 Abb., 1 Tabelle, DM 9,10

HEFT 126
Prof. Dr.-Ing. J. Mathieu, Aachen
Arbeitszeitvergleich
Grundlagen, Methodik und praktische Durchführung
1955, 70 Seiten, DM 13,—

HEFT 127
Güteschutz Betonstein e. V., Arbeitskreis Nordrhein-Westfalen, Dortmund
Die Betonwaren-Gütesicherung im Lande Nordrhein-Westfalen
1955, 58 Seiten, 15 Abb., 3 Tabellen, DM 11,50

HEFT 128
Prof. Dr. O. Schmitz-DuMont, Bonn
Untersuchungen über Reaktionen in flüssigem Ammoniak
1955, 96 Seiten, 11 Abb., 6 Tabellen, DM 17,75

HEFT 129
Prof. Dr.-Ing. J. Mathieu und Dr. C. A. Roos, Aachen
Die Anlernung von Industriearbeitern
I. Ergebnisse einer grundsätzlichen Untersuchung der gegenwärtigen Industriearbeiter-Kurzanlernung
1955, 106 Seiten, DM 19,70

HEFT 130
Prof. Dr.-Ing. J. Mathieu und Dr. C. A. Roos, Aachen
Die Anlernung von Industriearbeitern
II. Beiträge zur Methodenfrage der Kurzanlernung
1955, 108 Seiten, DM 19,90

HEFT 131
Dr. W. Hoerburger, Köln
Versuche zur Biosynthese von Eiweiß aus Kohlenwasserstoff
1955, 34 Seiten, 2 Abb., DM 6,90

HEFT 132
Prof. Dr. W. Seith, Münster
Über Diffusionserscheinungen in festen Metallen
1955, 42 Seiten, 19 Abb., 4 Tabellen, DM 9,10

HEFT 133
Prof. Dr. E. Jenckel, Aachen
Über einen für Schwermetalle selektiven Ionenaustauscher
1955, 48 Seiten, 8 Abb., 13 Tabellen, DM 9,50

HEFT 134
Prof. Dr.-Ing. H. Winterhager, Aachen
Über die elektrochemischen Grundlagen der Schmelzfluß-Elektrolyse von Bleisulfid in geschmolzenen Mischungen mit Bleichlorid
1955, 54 Seiten, 20 Abb., 5 Tabellen, DM 11,80

HEFT 135
Prof. Dr.-Ing. K. Krekeler und Dr.-Ing. H. Peukert, Aachen
Die Änderung der mechanischen Eigenschaften thermoplastischer Kunststoffe durch Warmrecken
1955, 54 Seiten, 27 Abb., DM 11,10

HEFT 136
Dipl.-Phys. P. Pilz, Remscheid
Über spezielle Probleme der Zerkleinerungstechnik von Weichstoffen
1955, 58 Seiten, 19 Abb., 2 Tabellen, DM 11,50

HEFT 137
Prof. Dr. W. Baumeister, Münster
Beiträge zur Mineralstoffernährung der Pflanzen
1955, 64 Seiten, 6 Tabellen, DM 11,80

HEFT 138
Dr. P. Hölemann und Ing. R. Hasselmann, Dortmund
Untersuchungen über die Zersetzungswärme von gasförmigem und in Azeton gelöstem Azetylen
1955, 54 Seiten, 8 Abb., 7 Tabellen, DM 10,40

HEFT 139
Prof. Dr. W. Fuchs, Aachen
Studien über die thermische Zersetzung der Kohle und die Kohlendestillatprodukte
1955, 64 Seiten, 20 Abb., 22 Tabellen, DM 11,80

HEFT 140
Dr.-Ing. G. Hausberg, Essen
Modellversuche an Zyklonen
1955, 78 Seiten, 24 Abb., DM 15,70

HEFT 141
Dr. J. van Calker und Dr. R. Wienecke, Münster
Untersuchungen über den Einfluß dritter Analysenpartner auf die spektrochemische Analyse
1955, 42 Seiten, 15 Abb., DM 9,10

HEFT 142
Dipl.-Ing. G. M. F. Wiebel, Hannover, A. Konermann und A. Ottenheym, Sennelager
Entwicklung eines Kalksandleichtsteines
1955, 38 Seiten, 4 Abb., DM 8,—

HEFT 143
Prof. Dr. F. Wever, Dr. A. Rose und Dipl.-Ing. W. Straßburg, Düsseldorf
Härtbarkeit und Umwandlungsverhalten der Stähle
1955, 50 Seiten, 12 Abb., 3 Tabellen, DM 10,70

HEFT 144
Prof. Dr. H. Wurmbach, Bonn
Steuerung von Wachstum und Formbildung
1955, 48 Seiten, 19 Abb., DM 10,30

HEFT 145
Dr. G. Hennemann, Werdohl (Westf.)
Beitrag zur Interpretation der modernen Atomphysik
1955, 34 Seiten, DM 10,—

HEFT 146
Dr.-Ing. F. Gruß, Düsseldorf
Sterilisation mit Heißluft
1955, 34 Seiten, 10 Abb., DM 7,70

HEFT 147
Dr.-Ing. W. Rudisch, Unna
Untersuchung einer drehelastischen Elektromagnet-Synchronkupplung
1955, 82 Seiten, 65 Abb., DM 17,70

HEFT 148
Prof. Dr. H. Bittel u. Dipl.-Phys. L. Storm, Münster
Untersuchungen über Widerstandsrauschen
1955, 40 Seiten, 5 Abb., DM 8,40

HEFT 149
Dipl.-Ing. K. Konopicky und Dipl.-Chem. P. Kampa, Bonn
I. Beitrag zur flammenphotometrischen Bestimmung des Calciums.
Dr.-Ing. K. Konopicky, Bonn
II. Die Wanderung von Schlackenbestandteilen in feuerfesten Baustoffen
1955, 54 Seiten, 10 Abb., 5 Tabellen, DM 11,—

HEFT 150
Prof. Dr.-Ing. O. Kienzle und Dipl.-Ing. W. Timmerbeil, Hannover
Das Durchziehen enger Kragen an ebenen Fein- und Mittelblechen
1955, 52 Seiten, 20 Abb., 8 Tabellen, DM 11,30

HEFT 151
Dipl.-Ing. P. Karabasch, Aachen
Feststellung des optimalen Gasgehaltes von Bronzen zur Erzielung druckdichter Gußstücke
1956, 64 Seiten, 31 Abb., 5 Tabellen, DM 13,90

HEFT 152
Dipl.-Ing. G. Müller, Köln
Ermittlung der Laufeigenschaften (Vergießbarkeit) von Bronze und Rotguß mittels der Schneider-Gießspirale
1955, 60 Seiten, 33 Abb., DM 13,30

HEFT 153
Prof. Dr. F. Wever, Dr.-Ing. W. A. Fischer und Dipl.-Ing. J. Engelbrecht, Düsseldorf
I. Die Reduktion sauerstoffhaltiger Eisenschmelzen im Hochvakuum mit Wasserstoff und Kohlenstoff
II. Einfluß geringer Sauerstoffgehalte auf das Gefüge und Alterungsverhalten von Reineisen
1955, 54 Seiten, 15 Abb., 2 Tabellen, DM 12,40

HEFT 154
Prof. Dr.-Ing. P. Bardenheuer und Dr.-Ing. W. A. Fischer, Düsseldorf
Die Verschlackung von Titan aus Stahlschmelzen im sauren und basischen Hochfrequenzofen unter verschiedenen Schlacken
1955, 36 Seiten, 10 Abb., 1 Tabelle, DM 7,95

HEFT 155
Dipl.-Phys. K. H. Schirmer, München
Die auf Grau abgestimmte Farbwiedergabe im Dreifarbenbuchdruck
1955, 46 Seiten, 17 Abb., 2 Farbtafeln, DM 10,—

HEFT 156
Prof. Dr.-Ing. B. von Borries und Mitarbeiter, Düsseldorf
Die Entwicklung regelbarer permanentmagnetischer Elektronenlinsen hoher Brechkraft und eines mit ihnen ausgerüsteten Elektronenmikroskopes neuer Bauart
1956, 102 Seiten, 52 Abb., DM 22,55

HEFT 157
Dr. W. Jawtusch, Dr. G. Schuster und Prof. Dr.-Ing. R. Jaeckel, Bonn
Untersuchungen über die Stoßvorgänge zwischen neutralen Atomen und Molekülen
1955, 48 Seiten, 15 Abb., 3 Tabellen, DM 10,50

HEFT 158
Dipl.-Ing. W. Rosenkranz, Meinerzhagen
Ein Beitrag zum Problem der Spannungskorrosion bei Preßprofilen und Preßteilen aus Aluminium-Legierungen
1956, 112 Seiten, 61 Abb., 5 Tabellen, DM 27,40

HEFT 159
Dr.-Ing. O. Viertel und O. Oldenroth, Krefeld
Das Bleichen von Weißwäsche mit Wasserstoffsuperoxyd bzw. Natriumhypochlorit beim maschinellen Waschen
1955, 54 Seiten, 23 Abb., 2 Tabellen, DM 11,45

HEFT 160
Prof. Dr. W. Klemm, Münster
Über neue Sauerstoff- und Fluor-haltige Komplexe
1955, 50 Seiten, 13 Abb., 7 Tabellen, DM 10,80

HEFT 161
Prof. Dr. W. Weltzien und Dr. G. Hauschild, Krefeld
Über Silikone und ihre Anwendung in der Textilveredlung
1955, 162 Seiten, 22 Abb., 10 Tabellen, DM 27,—

HEFT 162
Prof. Dr. F. Wever, Prof. Dr. A. Kochendörfer und Dr.-Ing. Chr. Rohrbach, Düsseldorf
Kennzeichnung der Sprödbruchneigung von Stählen durch Messung der Fließspannung, Reißspannung und Brucheinschnürung an dreiachsig beanspruchten Proben
1955, 58 Seiten, 26 Abb., DM 13,—

HEFT 163
Dipl.-Ing. W. Rohs und Text.-Ing. H. Griese, Bielefeld
Untersuchungsarbeiten zur Verbesserung des Leinenwebstuhls III
1955, 80 Seiten, 15 Abb., 18 Tabellen, DM 15,80

HEFT 164
Dr.-Ing. H. Schmachtenberg, Köln
Neuartige Prüfeinrichtungen für Kraftfahrzeuge
1955, 44 Seiten, 23 Abb., DM 9,60

HEFT 165
Dr.-Ing. W. Wilhelm, Aachen
Instationäre Gasströmung im Auspuffsystem eines Zweitaktmotors
1955, 62 Seiten, 31 Abb., 8 Tabellen, DM 13,60

HEFT 166
Prof. Dr. M. v. Stackelberg, Dr. H. Heindze, Dr. H. Hübschke und Dr. K. H. Frangen, Bonn
Kolloidchemische Untersuchungen
1955, 106 Seiten, 8 Abb., 13 Tabellen, DM 21,25

HEFT 167
Prof. Dr.-Ing. F. Schuster, Essen
I. Über die Heißkarburierung von Brenngasen mit Ölen und Teeren
II. Die Strahlungsvorgänge in brennstoffbeheizten Öfen bei verschiedenen Verbrennungsatmosphären
1955, 38 Seiten, 8 Abb., DM 8,30

HEFT 168
Prof. Dr.-Ing. F. Schuster, Essen
I. Luftvorwärmung an Gasfeuerungen
II. Heizwerthöhe von Brenngasen und Wirkungsgrad sowie Gasverbrauch bei der Gasverwendung
III. Sauerstoffangereicherte Luft und feuerungstechnische Kenngrößen von Brenngasen
1955, 60 Seiten, 18 Abb., DM 12,50

HEFT 169
Forschungsinstitut für Pigmente und Lacke, Stuttgart
Arbeiten über die Bestimmung des Gebrauchswertes von Lackfilmen durch physikalische Prüfungen
1955, 70 Seiten, 23 Abb., 4 Tabellen, DM 15,—

HEFT 170
Prof. Dr. F. Wever, Dr. A. Rose und Dipl.-Ing L. Rademacher, Düsseldorf
Anwendung der Umwandlungsschaubilder auf Fragen der Werkstoffauswahl beim Schweißen und Flammhärten
1955, 64 Seiten, 25 Abb., DM 13,70

WESTDEUTSCHER VERLAG · KÖLN UND OPLADEN
567 Opladen/Rhld., Ophovener Straße 1–3

HEFT 171
Wäschereiforschung Krefeld
Untersuchung der Wäscheentwässerung mit Hilfe von Zentrifugen und Pressen
1955, 42 Seiten, 16 Abb., 4 Tabellen, DM 9,70

HEFT 172
Dipl.-Ing. W. Rohs, Dr.-Ing. G. Satlow und Text.-Ing. G. Heller, Bielefeld
Trocknung von Hanfgarnen. Kreuzspultrocknung
1955, 60 Seiten, 7 Abb., 4 Tabellen, DM 10,30

HEFT 173
Prof. Dr. R. Hosemann und Dipl.-Phys. G. Schoknecht, Berlin, vorgelegt von Prof. Dr. W. Kast, Krefeld
Lichtoptische Herstellung und Diskussion der Faltungsquadrate parakristalliner Gitter
1956, 108 Seiten, 63 Abb., 6 Tabellen, DM 24,70

HEFT 174
Prof. Dr. W. von Fragstein, Dr. J. Meingast und H. Hoch, Köln
Herstellung von Solen einheitlicher Teilchengröße und Ermittlung ihrer optischen Eigenschaften
1955, 78 Seiten, 80 Abb., 4 Tabellen, DM 18,25

HEFT 175
Dr.-Ing. H. Zeller, Aachen
Beitrag zur eindimensionalen stationären und nichtstationären Gasströmung mit Reibung und Wärmeleitung, insbesondere in Rohren mit unstetigen Querschnittsänderungen.
1956, 138 Seiten, 56 Abb., DM 29,30

HEFT 176
Dipl.-Ing. H. Schöberl, Duisburg
Über die Methoden zur Ermittlung der Verbrennungstemperatur von Brennstoffen und ein Vorschlag zu ihrer Verbesserung
1955, 30 Seiten, 3 Abb., DM 6,50

HEFT 177
Dipl.-Ing. H. Stüdemann, Solingen, und Dr.-Ing. W. Müchler, Essen
Entwicklung eines Verfahrens zur zahlenmäßigen Bestimmung der Schneideigenschaften von Messerklingen
1956, 104 Seiten, 68 Abb., 4 Tabellen, DM 22,20

HEFT 178
Prof. Dr. M. von Stackelberg u. Dr. W. Hans, Bonn
Untersuchungen zur Ausarbeitung und Verbesserung von polarographischen Analysenmethoden
1955, 46 Seiten, 14 Abb., DM 10,50

HEFT 179
Dipl.-Ing. H. F. Reineke, Bochum
Entwicklungsarbeiten auf dem Gebiete der Meß- und Regeltechnik
1955, 46 Seiten, 10 Abb., DM 10,—

HEFT 180
Dr.-Ing. W. Piepenburg, Dipl.-Ing. B. Bühling und Bauing. J. Behnke, Köln
Putzarbeiten im Hochbau und Versuche mit aktiviertem Mörtel und mechanischem Mörtelauftrag
1955, 116 Seiten, 31 Abb., 68 Tabellen, DM 23,—

HEFT 181
Prof. Dr. W. Franz, Münster
Theorie der elektrischen Leitvorgänge in Halbleitern und isolierenden Festkörpern bei hohen elektrischen Feldern
1955, 28 Seiten, 2 Abb., 1 Tabelle, DM 6,20

HEFT 182
Dr.-Ing. P. Schenk u. Dr. K. Osterloh, Düsseldorf
Katalytisch-thermische Spaltung von gasförmigen und flüssigen Kohlenwasserstoffen zur Spitzengaserzeugung
1955, 50 Seiten, 11 Abb., 11 Tabellen, DM 10,90

HEFT 183
Dr. W. Bornheim, Köln
Entwicklungsarbeiten an Flaschen- und Ampullen-Behandlungsmaschinen für die pharmazeutische Industrie
1956, 48 Seiten, 24 Abb., DM 11,70

HEFT 184
Dr.-Ing. E. Printz, Kettwig
Vollhydraulische Parallel-Kupplung für Ackerschlepper
1955, 32 Seiten, 4 Abb., DM 7,80

HEFT 185
Dipl.-Ing. W. Rohs und Text.-Ing. G. Heller, Bielefeld
Studien an einem neuzeitlichen Kreuzspultrockner für Bastfasergarne mit Wiederbefeuchtungszone
1955, 52 Seiten, 9 Abb., 3 Tabellen, DM 10,70

HEFT 186
Dr. E. Wedekind, Krefeld
Untersuchungen zur Arbeitsbestgestaltung bei der Fertigstellung von Oberhemden in gewerblichen Wäschereien *1955, 124 Seiten, 28 Abb., 6 Tabellen, 2 Falttaf., DM 12,—*

HEFT 187
Dipl.-Ing. F. Göttgens, Essen
Über die Eigenarten der Bimetall-, Thermo- und Flammenionisationssicherungsmethode in ihrer Anwendung auf Zündsicherungen
1955, 40 Seiten, 6 Abb., 4 Tabellen, DM 8,40

HEFT 188
W. Kinnebrock, Langenberg (Rhld.)
Der Einfluß des Austausches gleicher Gaskochbrenner bzw. Gaskochbrennerteile auf den Wirkungsgrad und insbesondere auf den CO-Gehalt der Verbrennungsgase
1955, 42 Seiten, 7 Tabellen, DM 8,70

HEFT 189
Fa. E. Leybold's Nachfolger, Köln
I. Ausgewählte Kapitel aus der Vakuumtechnik
II. Zum Verlust anorganisch-nichtflüchtiger Substanzen während der Gefriertrocknung
1955, 52 Seiten, 16 Abb., 3 Tabellen, DM 11,20

HEFT 190
Prof. Dr. A. Neuhaus, Prof. Dr. O. Schmitz-DuMont und Dipl.-Chem. H. Reckhard, Bonn
Zur Kenntnis der Alkalititanate
1955, 60 Seiten, 13 Abb., 1 Tabelle, DM 12,20

HEFT 191
Dr. H. Söhngen, Darmstadt
Schwingungsverhalten eines Schaufelkranzes im Vakuum *1955, 36 Seiten, 7 Abb., DM 7,80*

HEFT 192
Dipl.-Phys. E. M. Schneider, München
Kohlebogenlampen für Aufnahme und Kopie
1955, 48 Seiten, 21 Abb., 3 Tabellen, DM 10,60

HEFT 193
Prof. Dr. O. Schmitz-DuMont, Bonn
Untersuchungen über neue Pigmentfarbstoffe
1956, 50 Seiten, 16 Abb., 8 Tabellen, DM 11,20

HEFT 194
Dr. K. Hecht, Köln
Entwicklung neuartiger physikalischer Unterrichtsgeräte *1955, 42 Seiten, 16 Abb., DM 9,90*

HEFT 195
Dr.-Ing. E. Rößger, Köln
Gedanken über einen neuen deutschen Luftverkehr
1955, 342 Seiten, 29 Abb., 122 Tabellen, DM 50,—

HEFT 196
Dipl.-Ing. W. Rohs und Text.-Ing. H. Griese, Bielefeld
Auswirkungen von Garnfehlern bei der Verarbeitung von Leinengarnen
1955, 36 Seiten, 3 Abb., 6 Tabellen, DM 7,80

HEFT 197
Dr. E. Wedekind, Krefeld
Untersuchungen zur Bestimmung der optimalen Arbeitsplatzgröße bei Mehrstuhlarbeit in der Weberei
1955, 92 Seiten, 34 Abb., DM 18,50

HEFT 198
Prof. Dr. J. Weissinger, Karlsruhe
Zur Aerodynamik des Ringflügels. Die Druckverteilung dünner, fast drehsymmetrischer Flügel in Unterschallströmung *1955, 42 Seiten, 5 Abb., DM 9,—*

HEFT 199
Textilforschungsanstalt Krefeld
Die Messung von Gewebetemperaturen mittels Temperaturstrahlung
1955, 50 Seiten, 12 Abb., DM 10,90

HEFT 200
R. Seipenbusch, Langenberg (Rhld.)
Spitzengas durch Zusatz von Flüssiggas-Wassergas- und Flüssiggas-Generatorgas-Gemischen zu Stadtgas
1955, 48 Seiten, 21 Tabellen, DM 10,35

HEFT 201
Dr.-Ing. E. W. Pleines, Frankfurt/Main
Die Sicherheit im Luftverkehr
1956, 194 Seiten, 39 Abb., 19 Tabellen, DM 39,50

HEFT 202
Dipl.-Ing. D. Fiecke, Stuttgart/Zuffenhausen
Die Bestimmung der Flugzeugpolaren für Entwurfszwecke. I Teil: Unterlagen
1956, 216 Seiten, 171 Diagr., DM 59,70

HEFT 203
Dr. G. Wandel, Bonn
Uferbewachsung und Lebendverbauung an den Nordwestdeutschen Kanälen und ihren Zuflüssen sowie an der Ruhr *1956, 122 Seiten, 88 Abb., DM 25,70*

HEFT 204
Dipl.-Ing. B. Naendorf, Langenberg (Rhld.)
Bestimmung der Brenneigenschaften und des Brennverhaltens verschiedener Gasarten und Einfluß verschiedener Düsengestaltung
1955, 32 Seiten, DM 7,10

HEFT 205
Dr. C. Schaarwächter, Düsseldorf
Über plastische Kupfer-Eisen-Phosphor-Legierungen
1936, 36 Seiten, 10 Abb., 10 Tabellen, DM 8,30

HEFT 206
Dr. P. Hölemann, Ing. R. Hasselmann und Ing. G. Dix, Dortmund
Untersuchungen über die Vorgänge bei der Zersetzung von in Azeton gelöstem Azetylen
1956, 74 Seiten, 7 Abb., 7 Tabellen, DM 15,55

HEFT 207
Prof. Dr.-Ing. H. Opitz, Dipl.-Ing. K. H. Fröhlich und Dipl.-Ing. H. Siebel, Aachen
Richtwerte für das Fräsen von unlegierten und legierten Baustählen mit Hartmetall. I. Teil
1956, 48 Seiten, 27 Abb., 3 Tabellen, DM 11,10

HEFT 208
Prof. Dr.-Ing. H. Müller, Essen
Untersuchung von Elektrowärmegeräten für Laienbedienung hinsichtlich Sicherheit und Gebrauchsfähigkeit. I. Untersuchungen an Kochplatten
1956, 100 Seiten, 76 Abb., 7 Tabellen, DM 22,70

HEFT 209
Dr. K. Bunge, Leverkusen
Materialabbau in Funkenentladungen. Untersuchungen an Zinkkathoden
1956, 54 Seiten, 10 Abb., 5 Tabellen, DM 11,40

HEFT 210
Dr. W. Porschen und Prof. Dr. W. Riezler, Bonn
Langlebige Alphaaktivitäten bei natürlichen Elementen
1955, 40 Seiten, 5 Abb., 4 Tabellen, DM 8,80

HEFT 211
Prof. Dipl.-Ing. W. Sturtzel und Dr.-Ing. W. Graff, Duisburg
Die Versuchsanstalt für Binnenschiffbau, Duisburg
1956, 48 Seiten, 22 Abb., 11,—

HEFT 212
Dipl.-Ing. H. Spodig, Selm
Untersuchung zur Anwendung der Dauermagnete in der Technik *1955, 44 Seiten, 25 Abb., DM 9,80*

HEFT 213
Dipl.-Ing. K. F. Rittinghaus, Aachen
Zusammenstellung eines Meßwagens für Bau- und Raumakustik *in Vorbereitung*

HEFT 214
Dr.-Ing. J. Endres, München
Berechnung der optimalen Leistungen, Kraftstoffverbräuche und Wirkungsgrade von Einkreis-Turbolader-Strahltriebwerken am Boden und in der Höhe bei Fluggeschwindigkeiten von 0—2000 km/h
1956, 72 Seiten, 18 Abb., 8 Tabellen, DM 15,40

HEFT 215
Prof. Dr.-Ing. H. Opitz und Dr.-Ing. G. Weber, Aachen
Einfluß der Wärmebehandlung von Baustählen auf Spanentstehung, Schnittkraft- und Standzeitverhalten
1956, 80 Seiten, 30 Abb., 10 Tabellen, DM 18,40

HEFT 216
Dr. E. Kloth, Köln
Untersuchungen über die Ausbreitung kurzer Schallimpulse bei der Materialprüfung mit Ultraschall
1956, 90 Seiten, 60 Abb., 4 Tabellen, DM 19,40

HEFT 217
Rationalisierungskuratorium der Deutschen Wirtschaft (RKW), Frankfurt/Main
Typenvielzahl bei Haushaltgeräten und Möglichkeiten einer Beschränkung
1956, 328 Seiten, 2 Abb., 181 Tabellen, DM 49,50

HEFT 218
Dr. F. Keune, Aachen
Bericht über eine Theorie der Strömung um Rotationskörper ohne Anstellung bei Machzahl Eins
1955, 40 Seiten, 8 Abb., 5 Formelblätter, DM 8,80

WESTDEUTSCHER VERLAG · KÖLN UND OPLADEN
567 Opladen/Rhld., Ophovener Straße 1–3

HEFT 219

Prof. Dr. W. Fuchs, Aachen
Untersuchungen zur Holzabfallverwertung und zur Chemie des Lignins
1955, 54 Seiten, 11 Abb., 15 Tabellen DM 11,40

HEFT 220

Prof. Dr. W. Fuchs, Aachen
Die Entwicklung neuer Regel- und Kontroll-Apparate zur coulometrischen Analyse
1956, 76 Seiten, 17 Abb. 23 Tabellen, DM 15,50

HEFT 221

Dr. W. Meyer-Eppler, Bonn
Experimentelle Untersuchungen zum Mechanismus von Stimme und Gehör in der lautsprachlichen Kommunikation *1955, 56 Seiten, 24 Abb., DM 13,45*

HEFT 222

Dr. L. Köllner, Münster, und Dipl.-Volkswirt M. Kaiser, Bochum
Die internationale Wettbewerbsfähigkeit der westdeutschen Wollindustrie *1956, 214 Seiten, DM 39,50*

HEFT 223

Dr.-Ing. K. Alberti und Dr. F. Schwarz, Köln
Über das Problem Hartbrand-Weichbrand
1956, 54 Seiten, 25 Abb., 14 Tabellen, DM 12,10

HEFT 224

Dipl.-Ing. H. Stüdeman und Ing. R. Beu, Solingen
Verfahren zur Prüfung der Korrosionsbeständigkeit von Messerklingen aus rostfreiem Stahl
1956, 82 Seiten, 28 Abb., DM 16,90

HEFT 225

Dr.-Ing. E. Barz, Remscheid
Der Spannungszustand von Gattersägeblättern
1956, 74 Seiten, 54 Abb., DM 16,50

HEFT 226

Technisch-wissenschaftliches Büro für die Bastfaserindustrie, Bielefeld
Untersuchungen zur Verbesserung des Leinenwebstuhles IV
Die Wirkung verschiedener Kettbaumbremsen auf die Verwebung von Leinengarnen
1956, 64 Seiten, 9 Abb., 4 Tabellen, DM 13,50

HEFT 227

Prof. Dr. F. Wever, Düsseldorf und Dr. W. Wepner, Köln
Untersuchung der Alterungsneigung von weichen unlegierten Stählen durch Härteprüfung bei Temperaturen bis 300 Grad C
1956, 34 Seiten, 20 Abb., 3 Tabellen, DM 7,95

HEFT 228

Prof. Dr. F. Wever, Dr. W. Koch, Düsseldorf, und Dr. B. A. Steinkopf, Dortmund
Spektrochemische Grundlagen der Analyse von Gemischen aus Kohlenmonoxyd, Wasserstoff und Stickstoff *1956, 42 Seiten, 18 Abb., 1 Tabelle, DM 9,90*

HEFT 229

Prof. Dr. F. Wever, Dr. W. Koch und Dr.-Ing. H. Malissa, Düsseldorf
Über die Anwendung disubstituierter Dithiocarbamate der analytischen Chemie
1956, 44 Seiten, 30 Abb., 5 Tabellen, DM 10,50

HEFT 230

Prof. Dr. F. Wever, Düsseldorf, und Dr. W. Wepner, Köln
Bestimmung kleiner Kohlenstoffgehalte im Alpha-Eisen durch Dämpfungsmessung
1956, 34 Seiten, 5 Abb., 2 Tabellen, DM 7,70

HEFT 231

Dr.-Ing. W. Küch, Dortmund
Über die Wechselwirkung zwischen Holzschutzbehandlung und Verleimung
1956, 48 Seiten, 10 Abb., 8 Tabellen, DM 10,40

HEFT 232

Prof. Dr.-Ing. O. Kienzle, Hannover, und Dr.-Ing. H. Münnich, Schweinfurt
Feststellung der Spannungen und Dehnungen und Bruchdrehzahlen der unter Fliehkraft und Bearbeitungskraft beanspruchten Schleifkörper
in Vorbereitung

HEFT 233

Dr. H. Haase, Hamburg
Infrarot-Bibliographie *1956, 90 Seiten, DM 17,80*

HEFT 234

Dr.-Ing. K. G. Speith und Dr.-Ing. A. Bungeroth, Duisburg
Versuche zur Steigerung des Kokillen-Schluckvermögens beim Stranggießen von Stahl
1956, 26 Seiten, 5 Abb., DM 6,15

HEFT 235

Prof. Dr.-Ing. K. Leist und Dipl.-Ing. W. Dettmering, Aachen
Turbinenschaufeln aus Kunststoff für Kaltluftversuchsanlagen
1956, 46 Seiten, 43 Abb., 3 Tabellen, DM 12,30

HEFT 236

Dr.-Ing. O. Viertel und S. Lucas, Krefeld
Ergebnisse einer Hausfrauenbefragung über Wascheinrichtungen und Waschmethoden in städtischen Haushaltungen
1956, 34 Seiten, 4 Abb., DM 7,60

HEFT 237

Dr. P. Endler und Dr. H. Ludes, Köln
Bericht über eine Studienreise zur Orientierung der heutigen Behandlung der Lungentuberkulose in den Vereinigten Staaten von Nordamerika
1956, 32 Seiten, DM 7,10

HEFT 238

Institut für textile Meßtechnik, M-Gladbach, e. V.
Untersuchungen der Verzugsvorgänge an den Streckwerken verschiedener Spinnereimaschinen. 3. Bericht: Theoretische Betrachtungen über den Einfluß schlagender Zylinder und Druckrollen
1956, 66 Seiten, 21 Abb., DM 14,10

HEFT 239

Prof. Dr.-Ing. K. Leist und Dipl.-Ing. H. Scheele, Aachen, und Dipl.-Ing. F. H. Flottmann, Herne
Versuche an einem neuartigen luftgekühlten Hochleistungs-Kolbenkompressor
1956, 72 Seiten, 19 Abb., 7 Tabellen, DM 14,40

HEFT 240

Prof. Dr.-Ing. K. Leist und Dipl.-Ing. H. Scheele, Aachen
Temperaturmessungen an einem einstufigen luftgekühlten 4-Zylinder-Kolbenkompressor mit Kühlgebläse *1956, 74 Seiten, 36 Abb., DM 14,80*

HEFT 241

Prof. Dr.-Ing. K. Leist und Dipl.-Ing. M. Pötke, Aachen
Leistungsversuche an einem Kühlluftgebläse
1956, 60 Seiten, 13 Abb., DM 11,70

HEFT 242

Prof. Dr.-Ing. K. Leist und Dipl.-Ing. K. Graf, Aachen
Straßenfahrzeuge mit Gasturbinenantrieb
1956, 82 Seiten, 63 Abb., DM 17,20

HEFT 243

Prof. Dr.-Ing. K. Leist und Dipl.-Ing. S. Förster, Aachen
Die französische Kleingasturbine Artouste — 1. Teil
1956, 80 Seiten, 41 Abb., DM 15,85

HEFT 244

Prof. Dr. F. Wever, Dr. W. Koch und Dr. S. Eckhard, Düsseldorf
Erfahrungen mit der spektrochemischen Analyse von Gefügebestandteilen des Stahles
1956, 32 Seiten, 8 Abb., 2 Tabellen, DM 7,80

HEFT 245

Prof. Dr.-Ing. habil. K. Krekeler, Aachen
Das Verbinden von Metallen durch Kunstharzkleber. Teil I: Eigenschaften und Verwendung der Metallklebstoffe *1956, 48 Seiten, 8 Abb., DM 10,25*

HEFT 246

Prof. Dr.-Ing. habil. K. Krekeler, Aachen
Das Verbinden von Metallen durch Kunstharzkleber. Teil II: Untersuchungen an geklebten Leichtmetall-Verbindungen *1956, 80 Seiten, 40 Abb., DM 17,50*

HEFT 247

Dr. H. Söhngen, Darmstadt
Strömung vor einem Überschall-Laufrad
1956, 26 Seiten, 4 Abb., DM 7,60

HEFT 248

Rheinische Aktiengesellschaft für Braunkohlenbergbau und Brikettfabrikation, Köln
Untersuchung der Bindemitteleigenschaften von Braunkohlenfilteraschen
1956, 176 Seiten, 26 Abb., 30 Tabellen, DM 35,60

HEFT 249

Dr. M.-E. Meffert, Essen
Weitere Kulturversuche Scenedesmus obliquus
1956, 36 Seiten, 5 Abb., 10 Tabellen, DM 8,—

HEFT 250

Dr. F. Schwarz und Dr.-Ing. K. Alberti, Köln
Entwicklung von Untersuchungsverfahren zur Güteberteilung von Industriekalken
1956, 36 Seiten, 9 Abb., DM 16,50

HEFT 251

Prof. Dr. H. Bittel, Münster
Zur Statistik der ferromagnetischen Elementarvorgänge und ihren Einfluß auf das Barkhausenrauschen
1956, 52 Seiten, 14 Abb., DM 11,65

HEFT 252

Dipl.-Ing. H. Frings, Geilenkirchen
Die Wirkung abfallender Wetterführung auf Wettertemperatur, Grubengasgehalt und Staubbildung
in Vorbereitung

HEFT 253

Dipl.-Ing. S. Schirmanski, Berghausen
Stand und Auswertung der Forschungsarbeiten über Temperatur- und Feuchtigkeitsgrenzen bei der bergmännischen Arbeit
in Vorbereitung

HEFT 254

Prof. Dr. R. Danneel, Bonn
Quantitative Untersuchungen über die Entwicklung des Ehrlich-Ascitestumors bei Inzuchtmäusen
1956, 52 Seiten, 17 Tabellen, DM 11,75

HEFT 255

Ing. B. v. Schlippe, Bad Nauheim
Strömung von Flüssigkeiten mit temperaturabhängiger Zähigkeit (Kühlung von Öfen)
1956, 54 Seiten, 12 Abb., 4 Tabellen, DM 11,70

HEFT 256

Prof. Dr. C. Schmieden und Dipl.-Math. K. H. Müller, Darmstadt
Die Strömung einer Quellstrecke im Halbraum — eine strenge Lösung der Navier-Stokes-Gleichungen
1956, 40 Seiten, 9 Abb., DM 8,80

HEFT 257

Prof. Dr. G. Lehmann und Dr. J. Tamm, Dortmund
Die Beeinflussung vegetativer Funktionen des Menschen durch Geräusche
1956, 48 Seiten, 25 Abb., 3 Tabellen, DM 11,20

HEFT 258

Dr. H. Paul, Linz (Rhein), und Prof. Dr. O. Graf, Dortmund
Zur Frage der Unfälle im Bergbau
1956, 52 Seiten, 9 Abb., 22 Tabellen, DM 11,20

HEFT 259

Prof. D. W. Linke, Aachen
Strömungsvorgänge in künstlich belüfteten Räumen
1956, 52 Seiten, 37 Abb., 1 Tabelle, DM 11,80

HEFT 260

Prof. Dr. W. Kast, Freiburg (Br.), Prof. Dr. A. H. Stuart und Dipl.-Phys. H. G. Fendler, Hannover
Lichtzerstreuungsmessungen an Lösungen hochpolymerer Stoffe
1956, 70 Seiten, 25 Abb., 5 Tabellen, DM 15,60

HEFT 261

Prof. Dr. W. Kast, Freiburg (Br.)
Feinstruktur-Untersuchungen an künstlichen Zellulosefasern verschiedener Herstellungsverfahren.
Teil II: Der Kristallisationszustand
1956, 80 Seiten, 27 Abb., 11 Tabellen, DM 17,20

HEFT 262

Dr.-Ing. W. Batel, Aachen
Untersuchungen zur Absiebung feuchter, feinkörniger Haufwerke und Schwingsieben
1956, 100 Seiten, 45 Abb., 5 Tabellen, DM 23,40

HEFT 263

Prof. Dr. H. Lange und Dipl.-Phys. R. Kohlhaas, Köln
Über die Wärmeleitfähigkeit von Stählen bei hohen Temperaturen: Teil I: Literaturbericht
1956, 48 Seiten, 26 Abb., 8 Tabellen, DM 10,70

HEFT 264

Prof. Or. W. Weizel, Bonn
Durch schnelle Funkenzusammenbrüche ausgelöste Signale auf einer Leitung
1956, 26 Seiten, 4 Abb., 3 Tabellen, DM 6,10

HEFT 265

Prof. Dr. F. Micheel und Dr. R. Engel, Münster
Eine Apparatur zur elektrophoretischen Trennung von Stoffgemischen
1956, 38 Seiten, 21 Abb., DM 9,20

HEFT 266

Fliesen-Beratungsstelle Bad Godesberg-Mehlem
Güteeigenschaften keramischer Wand- und Bodenfliesen und deren Prüfmethoden
1956, 32 Seiten, DM 7,10

HEFT 267

Prof. Dr. W. Weizel und B. Brandt, Bonn
Zur Stabilität stromstarker Glimmentladungen
1956, 36 Seiten, 7 Abb., DM 8,40

WESTDEUTSCHER VERLAG · KÖLN UND OPLADEN
567 Opladen/Rhld., Ophovener Straße 1-3

HEFT 268
Prof. Dr.-Ing. G. Vogelpohl, Göttingen
Über die Tragfähigkeit von Gleitlagern und ihre Berechnung
1956, 76 Seiten, 24 Abb., 7 Tabellen, DM 16,85

HEFT 269
Markscheider R. Bals, Bochum
Eignung des Gebirgsankerausbaus zur Erleichterung des Streckenvortriebs im Steinkohlenbergbau
1956, 84 Seiten, 41 Abb., DM 18,75

HEFT 270
Dr. H. Krebs und Mitarbeiter, Bonn
Die Trennung von Racematen auf chromatographischem Wege
1956, 62 Seiten, 18 Tabellen, DM 12,95

HEFT 271
Prof. Dr.-Ing. H. Opitz und Dipl.-Ing. H. Axer, Aachen
Beeinflussung des Verschleißverhaltens bei spanenden Werkzeugen durch flüssige und gasförmige Kühlmittel und elektrische Maßnahmen
1956, 46 Seiten, 28 Abb., DM 10,70

HEFT 272
Prof. Dr. W. Fuchs und Dr. H. Dresia, Aachen
Untersuchungen über die Schnellverbrennung und Schnellvergasung fester Brennstoffe
1956, 56 Seiten, 14 Abb., 3 Tabellen, DM 11,90

HEFT 273
Fa. K. W. Tacke G.m.b.H., Wuppertal-Barmen
Erfahrungen beim Verspinnen von Perlonfasern und bei der Herstellung von Trikotagen aus gesponnenem Perlon
1956, 36 Seiten, DM 7,90

HEFT 274
Prof. Dr.-Ing. K. Krekeler, Aachen
Qualitative Untersuchungen bei Verbindungsschweißungen mittels Lichtbogenschweißautomaten unter Verwendung von Blankdraht und Zugabe von ferromagnetischem Pulver als Umhüllung
1956, 68 Seiten, 40 Abb., 8 Tabellen, DM 15,45

HEFT 275
Prof. Dr.-Ing. habil. K. Krekeler, Aachen, und Dipl.-Ing. H. Verhoeven, Aachen
Quantitative Untersuchungen von Punktschweißverbindungen an Tiefzieh- und Aluminiumblechen, die nach dem Argonarc-Punktschweißverfahren hergestellt werden
1956, 64 Seiten, 45 Abb., DM 14,60

HEFT 276
Fa. E. Haage, Mülheim (Ruhr)
Entwicklungsarbeiten im Apparatebau für Laboratorien
1956, 48 Seiten, 18 Abb., DM 10,50

HEFT 277
Dr.-Ing. W. Müchler, Essen
Untersuchung und zahlenmäßige Bestimmung der Schneideigenschaften von Messern und besonderer Berücksichtigung rostfreier Messerstähle
1956, 60 Seiten, 27 Abb., 5 Tabellen, DM 13,20

HEFT 278
Dipl.-Ing. J. Stelter und Dipl.-Ing. H. Kickert, Aachen
I. Sichtbarmachung von Ultraschallfeldern unter Verwendung photographischer Emulsionsschichten
II. Methode zur Bestimmung der wirklichen Temperaturverhältnisse in Flüssigkeiten während der Beschallung (Nach einer Diplom-Arbeit von H. Schnitzler)
1956, 54 Seiten, 24 Abb., DM 12,75

HEFT 279
Dr. F. Keune, Aachen
Der gewölbte und verwundene Tragflügel ohne Dicke in Schallnähe
1956, 42 Seiten, 15 Abb., DM 9,25

HEFT 280
Dipl.-Ing. J. Stelter und Dipl.-Ing. E. Pfende, Aachen
Über Störerscheinungen bei Schallgeschwindigkeitsmessungen mittels der Interferometermethode
1956, 42 Seiten, 13 Abb., DM 9,60

HEFT 281
Prof. Dr.-Ing. K. Lürenbaum, Aachen
Der Meßwagen des Instituts für Maschinen-Dynamik der Deutschen Versuchsanstalt für Luftfahrt, Aachen
1956, 34 Seiten, 17 Abb., DM 8,60

HEFT 282
Bergrat a. D. Scherer, Bochum
Das B. T.-Schwelverfahren und seine Anwendung auf der Anlage Marienau
1956, 44 Seiten, 7 Abb., DM 9,60

HEFT 283
Prof. Dr. F. Wever und Dr.-Ing. W. Lueg, Düsseldorf
Warmstauchversuche zur Ermittlung der Formänderungsfestigkeit von Gesenkschmiede-Stählen
1956, 44 Seiten, 19 Abb., DM 9,90

Heft 284
Prof. Dr. F. Wever, Düsseldorf, Dr.-Ing. H. J. Wiester, Essen, Dr.-Ing. F. W. Straßburg, Duisburg, Prof. Dr.-Ing. H. Opitz, Aachen, und Dr.-Ing. K. H. Fröhlich, Köln
Einfluß des Gefüges auf die Zerspanbarkeit von Einsatz- und Vergütungsstählen
in Vorbereitung

HEFT 285
Prof. Dr.-Ing. O. Kienzle, Dr.-Ing. K. Lange, Hannover, und Dipl.-Ing. H. Meinert, Osterode
Einfluß der Oberfläche auf das Verschleißverhalten von Schmiedegesenken
1956, 62 Seiten, 29 Abb., 8 Tabellen, DM 14,60

HEFT 286
Dr.-Ing. K. Lange, Hannover, Dipl.-Ing. H. Meinert, Osterode, unter Mitarbeit von Dr.-Ing. H. Arend, Mülheim (Ruhr)
Verschleißverhalten hartverchromter Schmiedegesenke
1956, 74 Seiten, 53 Abb., 6 Tabellen, DM 17,65

HEFT 287
Prof. Dr.-Ing. habil. K. Krekeler, Aachen
Änderungen der mechanischen Eigenschaftswerte thermoplastischer Kunststoffe bei Beanspruchung in verschiedenen Medien
1956, 62 Seiten, 23 Abb., 5 Tabellen, DM 13,70

HEFT 288
Dr. K. Brücker-Steinkuhl, Düsseldorf
Anwendung mathematisch-statischer Verfahren in der Industrie
1956, 103 Seiten, 27 Abb., 14 Tabellen, DM 24,20

HEFT 289
Prof. Dr.-Ing. H. Winterhager, Aachen
Kombinierter Widerstands- und Lichtbogen-Vakuumofen zur Verarbeitung von Titanschwamm
Prof. Dr. Dr. h. c. R. Schwarz, Aachen
Erforschung neuer Wege zur Darstellung von Titanmetall
in Vorbereitung

HEFT 290
Dr. D. Horstmann, Düsseldorf
I. Der verstärkte Angriff des Zinks auf Eisen im Temperaturgebiet um 500° C
II. Einfluß eines Antimongehaltes auf den Angriff von Zinkschmelzen auf Eisen
1956, 48 Seiten, 33 Abb., 3 Tabellen, DM 11,90

HEFT 291
Dr.-Ing. H. J. Wiester und Dr. D. Horstmann, Düsseldorf
Der Angriff eisengesättigter Zinkschmelzen auf silizium- und manganhaltiges Eisen
1956, 52 Seiten, 45 Abb., 8 Tabellen, DM 12,60

HEFT 292
Dipl.-Ing. W. Rohs und Text.-Ing. H. Griese, Bielefeld
Webversuche an Leinenwebstühlen mit verbesserter Schaftbewegung
1956, 34 Seiten, 3 Abb., 2 Tabellen, DM 7,60

HEFT 293
Prof. J. W. Korte, unter Mitarbeit von Dipl.-Ing. P. A. Mäcke und Dipl.-Ing. W. Leutzbach, Aachen
Die Leistungsfähigkeit von Verkehrsanlagen des motorisierten städtischen Straßenverkehrs
1956, 98 Seiten, 35 Abb., 5 Tabellen, 1 Falttafel, DM 22,50

HEFT 294
Dipl.-Ing. B. Naendorf, Essen
Untersuchungen industrieller Gasbrenner
1956, 58 Seiten, 6 Abb., 3 Tabellen, DM 12,40

HEFT 295
Prof. Dr.-Ing. H. Opitz und Dipl.-Ing. H. Axer, Aachen
Untersuchung und Weiterentwicklung neuartiger elektrischer Bearbeitungsverfahren
1956, 42 Seiten, 27 Abb., DM 10,30

HEFT 296
Prof. Dr.-Ing. H. Opitz, Aachen
I. Untersuchungen an elektronischen Regelantrieben
II. Statische Untersuchungen zur Ausnutzung von Drehbänken
1956, 46 Seiten, 18 Abb., DM 10,40

HEFT 297
Dr. K. Schaarwächter, Düsseldorf
Die Reduktion von Siliziumtetrachlorid im Lichtbogen zur nachfolgenden Silizierung von Eisenblechen
in Vorbereitung

HEFT 298
Prof. Dr.-Ing. E. Oehler, Aachen
Untersuchung von kritischen Drehzahlen, die durch Kreiselmomente verursacht werden
1956, 50 Seiten, 35 Abb., DM 13,15

HEFT 299
Dr. J. Fassbender und W. Hoppe, Bonn
Eine photoelektrische Nachlaufeinrichtung für Analogie-Rechenmaschinen
1956, 20 Seiten, 8 Abb., DM 7,65

HEFT 300
Prof. Dr. E. Schütz und Privatdozent Dr. H. Caspers, Münster
Tierexperimentelle Untersuchungen über die Alkoholwirkungen auf Erregbarkeit und bioelektrische Spontanaktivität der Hirnrinde
1956, 44 Seiten, 6 Abb., 1 Tabelle, DM 9,55

HEFT 301
Prof. Dr. W. Weltzien, Dr. G. Cossmann und P. Diehl, Krefeld
Über die fraktionierte Füllung von Polyamiden (II)
1956, 54 Seiten, 1 Abb., 16 Tabellen, DM 11,30

HEFT 302
Prof. Dr.-Ing. W. Wegener und Dipl.-Ing. Willi Zahn, Aachen
Untersuchungen von gesponnenen Garnen auf ihre Gleichmäßigkeit nach verschiedenen Meßmethoden
in Vorbereitung

HEFT 303
Prof. Dr. Ing. S. Kiesskalt, Aachen
Das Institut der Forschungsgesellschaft Verfahrenstechnik e. V. an der Technischen Hochschule Aachen
1956, 76 Seiten, 20 Abb., 3 Tabellen, DM 16,40

HEFT 304
Prof. Dr.-Ing. K. Krekeler, Düsseldorf, und Dipl.-Ing. A. Kleine-Albers, Aachen
Beitrag zur thermoelastischen Warmformbarkeit von Hart PVC
in Vorbereitung

HEFT 305
Prof. Dr.-Ing. K. Krekeler, Düsseldorf, Dr.-Ing. H. Peukert, Aachen, und Dipl.-Ing. W. Schmitz, Siegburg
Heißgas-Schweißung von Hart-Polyvinylchlorid mit Zusatzwerkstoff
1956, 44 Seiten, 27 Abb., 5 Tabellen, DM 12,50

HEFT 306
Prof. Dr. B. Rensch, Münster
Elektrophysiologische Untersuchungen zur Analysierung der Bildung von Assoziationen und Gedächtnisspuren in Gehirn und Rückenmark
Prof. Dr. A. Loeser, Münster
Akute und chronische Giftwirkungen sauerstoffhaltiger Lösungsmittel
1956, 36 Seiten, 9 Abb., DM 8,90

HEFT 307
Privatdozent Dr. J. Juilfs, Krefeld
Vergleichende Untersuchungen zur elastischen und bleibenden Dehnung von Fasern
1956, 36 Seiten, 11 Abb., DM 8,30

HEFT 308
Privatdozent Dr. J. Juilfs, Krefeld
Zur Messung der Fadenglätte
1956, 22 Seiten, 10 Abb., 2 Tabellen, DM 8,—

HEFT 309
Prof. Dr. K. Cruse und Mitarbeiter, Clausthal-Zellerfeld
Aufbau und Arbeitsweise eines universell verwendbaren Hochfrequenz-Titrationsgerätes
1957, 48 Seiten, 29 Abb., DM 11,90

HEFT 310
Dr. P. F. Müller, Bonn
Die Integrieranlage des Rheinisch-Westfälischen Instituts für Instrumentelle Mathematik in Bonn
1956, 62 Seiten, 6 Abb., 30 Satzskizzen, DM 14,45

HEFT 311
Prof. Dr. F. Wever und Dr. M. Hempel, Düsseldorf
Dauerschwingfestigkeit von Stählen bei erhöhten Temperaturen
Teil I: Erkenntnisse aus bisherigen Dauerschwingversuchen in der Wärme
1956, 48 Seiten, 19 Abb., 2 Tabellen, DM 10,90

HEFT 312
Prof. Dr. F. Wever und Dr. M. Hempel, Düsseldorf
Dauerschwingfestigkeit von Stählen bei erhöhten Temperaturen
Teil II: Zug-Druck-Dauerschwingversuche an zwei warmfesten Stählen bei Temperaturen von 500 bis 650°
1956, 48 Seiten, 20 Abb., 3 Tabellen, DM 11,80

WESTDEUTSCHER VERLAG · KÖLN UND OPLADEN
567 Opladen/Rhld., Ophovener Straße 1–3

HEFT 313
Prof. Dr. F. Wever, Dr. W. Koch und Dipl.-Phys. H. Rohde, Düsseldorf
Änderungen des Babitus und der Gitterkonstanten des Zementits in Chromstählen bei verschiedenen Wärmebehandlungen
1956, 88 Seiten, 29 Abb., 8 Tabellen, DM 20,90

HEFT 314
Prof. Dr. F. Wever und Dr.-Ing. A. Krisch, Düsseldorf, und Dr.-Ing. H.-J. Wiester, Essen
Veränderungen im Gefügeaufbau von Chrom-Nickel-Molybdän-Stählen bei langzeitiger Beanspruchung im Zeitstandversuch bei 500°
1956, 48 Seiten, 26 Abb., 5 Tabellen, DM 11,70

HEFT 315
Prof. Dr. F. Wever und Dr.-Ing. A. Krisch, Düsseldorf
Metallkundliche Untersuchungen an Zeitstandproben
1956, 38 Seiten, 12 Abb., DM 9,15

HEFT 316
Dr. F. Keune, Aachen
Zusammenfassende Darstellung und Erweiterung des Aequivalenzsatzes für schallnahe Strömung
1956, 80 Seiten, 22 Abb., DM 17,90

HEFT 317
Dr.-Ing. J. Stelter, Aachen
Mikrobiologische Ultraschallwirkungen
in Vorbereitung

HEFT 318
Dipl.-Ing. H. Kickert, Aachen
Über die Ausbreitung von Ultraschall in Luft
in Vorbereitung

HEFT 319
Prof. Dr. C. Kröger, Aachen
Gemengereaktionen und Glasschmelze
in Vorbereitung

HEFT 320
Dr. H.-E. Caspary, Köln
Verwendung von Szintillationszählern anstelle von Zählrohren zur zerstörungsfreien Materialprüfung
1956, 42 Seiten, 13 Abb., 2 Tabellen, DM 10,10

HEFT 321
Prof. Dr. F. Wever, Düsseldorf, und Dr. W. Wepner, Köln
Gleichzeitige Bestimmung kleiner Kohlenstoff- und Stickstoffgehalte im α-Eisen durch Dämpfungsmessung
1956, 30 Seiten, 3 Abb., 4 Tabellen, DM 6,80

HEFT 322
Prof. Dr.-Ing. F. Bollenrath und Dipl.-Ing. W. Domke, Aachen
Eigenspannungen in vergüteten, dickwandigen Stahlzylindern nach Oberflächenhärtung mit induktiver Erwärmung
1956, 30 Seiten, 9 Abb., 2 Tabellen, DM 6,90

HEFT 323
Prof. Dr. R. Seyffert, Köln
Wege und Kosten der Distribution der Textilien, Schuh- und Lederwaren
1956, 98 Seiten, 37 Tabellen, 1 Falttaf., DM 12,—

HEFT 324
Prof. Dr.-Ing. H. Opitz, Dr.-Ing. E. Saljé und Dipl.-Ing. K. E. Schwartz, Aachen
Richtwerte für das Außenrund-Längs- und Einstechschleifen
1956, 62 Seiten, 44 Abb., 2 Tabellen, DM 13,85

HEFT 325
Prof. Dr. E. Schratz, Münster
Pharmakognostische Untersuchungen am Medizinal-Rhabarber
in Vorbereitung

HEFT 326
Prof. Dr.-Ing. E. Essers und Mitarbeiter, Aachen
Deichselkräfte an Lastzügen
in Vorbereitung

HEFT 327
Prof. Dr.-Ing. habil. K. Krekeler und Dr.-Ing. H. Peukert, Aachen
Beitrag zur thermoelastischen Formbarkeit von Polyäthylen
1956, 56 Seiten, 49 Abb, 9 Tabellen, DM 12,80

HEFT 328
Dr. H. Maeder, Belo Horizonte
Schweißen von Temperguß
in Vorbereitung

HEFT 329
Dipl.-Ing. A. Krüger, Karlsruhe, und Feuerwehr-Ing. R. Radusch, Dortmund
Wasserzerstäubung im Strahlrohr
1956, 86 Seiten, 21 Abb., 3 Tabellen, DM 18,65

HEFT 330
Dipl.-Physiker E. Pepping, Aachen
Die Durchflußzahl des Rechteckschlitzes in einer sehr großen Wand
in Vorbereitung

HEFT 331
Dipl.-Ing. G. Bretschneider, Ruit
Die Messung der wiederkehrenden Spannung mit Hilfe des Netzmodelles
in Vorbereitung

HEFT 332
Prof. Dr.-Ing. R. Jaeckel und Dr. G. Reich, Bonn
Messung von Dampfdrucken im Gebiet unter 10^{-2} Torr
1956, 42 Seiten, 16 Abb., 2 Tabellen, DM 10,40

HEFT 333
Prof. Dipl.-Ing. W. Sturtzel und Dr.-Ing. W. Graff, Duisburg
I. Der Flachwassereinfluß auf den Form- und Reibungswiderstand von Binnenschiffen
II. Der Flachwassereinfluß auf die Nachstrom- und Sogverhältnisse bei Binnenschiffen
1956, 44 Seiten, 14 Abb., DM 9,80

HEFT 334
Prof. Dr. W. Weizel und Dr. G. Meister, Bonn
Spektralanalyse durch Messung des Interferenz-Kontrastes
1956, 42 Seiten, DM 9,80

HEFT 335
Prof. Dr. W. Weizel und H. Hornberg, Bonn
Untersuchungen der anodischen Teile einer Glimmentladung
in Vorbereitung

HEFT 336
Dr. Tung-ping Yao, Aachen
Die Viskosität metallischer Schmelzen
in Vorbereitung

HEFT 337
Dr. R. Hoeppener und Dr. W. Biertber, Bonn
Tektonik und Lagestätten im Rheinischen Schiefergebirge
in Vorbereitung

HEFT 338
Prof. Dr.-Ing. W. Wegener, Aachen, und Dipl.-Ing. J. Schneider, M.-Gladbach
Die Bedeutung der Knotenart für die Herabminderung der Fadenbrüche
1957, 40 Seiten, 6 Abb., DM 9,80

HEFT 339
Prof. Dr.-Ing. W. Wegener und Dipl.-Ing. W. Zahn, Aachen
Vergleich des normalen mit verschiedenen abgekürzten Baumwollspinnverfahren in bezug auf Gleichmäßigkeit und Sortierungsstreuung der Garne
1956, 56 Seiten, 17 Abb., 17 Tabellen, DM 12,70

HEFT 340
Dipl.-Ing. W. Rohs und Dipl.-Ing. R. Otto, Bielefeld
Das Naßspinnen von Bastfasergarnen mit Spinnbadzusätzen unter Ausnutzung einer zentralen Spinnwasserversorgungsanlage
1956, 56 Seiten, 2 Abb., 6 Tabellen, DM 11,60

HEFT 341
Prof. Dr.-Ing. H. Winterhager und Dipl.-Ing. L. Werner, Aachen
Präzisions-Meßverfahren zur Bestimmung des elektrischen Leitvermögens geschmolzener Salze
1956, 44 Seiten, 19 Abb., 1 Tabelle, DM 10,60

HEFT 342
Prof. Dr.-Ing. H. Winterhager und Dipl.-Ing. W. Barthel, Aachen
Die Gewinnung von Titanschlackenkonzentraten aus eisenreichen Ilemniten
in Vorbereitung

HEFT 343
Prof. Dr.-Ing. W. Petersen, Aachen, und Dipl.-Ing. S. Wawroschek, Aachen
Die zweckmäßigsten Gütebestimmungsverfahren und Brikettierungsbedingungen bei der Erzeugung von Braunkohlen-Eisenerz-Briketts
1956, 64 Seiten, 28 Abb., DM 13,95

HEFT 344
Prof. Dr.-Ing. W. Fucks, Aachen
Zur Deutung einfachster mathematischer Sprachcharakteristiken
1956, 38 Seiten, 12 Abb., DM 7,80

HEFT 345
Dipl.-Ing. G. Cerbe und Dipl.-Ing. H. Monstadt, Essen
Konvektive Trocknung mit gasbeheizter Luft und Trocknung durch Gasstrahler
in Vorbereitung

HEFT 346
Dipl.-Ing. O. Arnold, Aachen
Erfahrungen mit Kernbohrungen zur Lagerstättenuntersuchung im Erzbergbau
in Vorbereitung

HEFT 347
S. Ruff, F. Kipp, H. Hansteen und G. Müller, Bonn
Untersuchungen zur Frage der Gehörschädigungen des fliegenden Personals der Propellerflugzeuge
in Vorbereitung

HEFT 348
Prof. Dr.-Ing. E. Piwowarsky und Dr.-Ing. E. G. Nickel, Aachen
Metallurgie eines hochwertigen Gußeisens mit kompakter bis kugelförmiger Graphitausbildung
in Vorbereitung

HEFT 349
Dr.-Ing. W. A. Fischer, Dr.-Ing. H. Treppschuh und Dr.-Ing. K. H. Köthemann, Düsseldorf
Tiegel aus Schmelzmagnesia für Vakuuminduktionsöfen
in Vorbereitung

HEFT 350
Prof. Dr.-Ing. habil. K. Krekeler und Dr.-Ing. H. Peukert, Aachen
Das Spannungsverhalten der Kunststoffe bei der Verarbeitung
in Vorbereitung

HEFT 351
Prof. Dr.-Ing. H. Opitz, Dipl.-Ing. H. Axer und Dipl.-Ing. H. Rhode, Aachen
Zerspanbarkeit hochwarmfester und nichtrostender Stähle. Teil I
in Vorbereitung

HEFT 352
Dipl.-Ing. H. Fauser, Aachen
Fahrdynamik und Batterie-Arbeitsverbrauch von Akkumulatorenlokomotiven im Untertagebetrieb
in Vorbereitung

HEFT 353
Forschungsinstitut für Rationalisierung, Aachen
Schlagwortregister zur Rationalisierung
in Vorbereitung

HEFT 354
Dipl.-Ing. D. Wagener, Aachen
Auswirkungen neuer Gaserzeugungs-Verfahren unter Berücksichtigung der Auswirkung auf den Kokereibetrieb
in Vorbereitung

HEFT 355
Prof. Dr.-Ing. habil. K. Krekeler, Dr.-Ing. H. Peukert und Dipl.-Ing. A. Kleine-Albers, Aachen
Heißgas-Schweißungen von Weich-Polyvinylchlorid mit Zusatzwerkstoff
in Vorbereitung

HEFT 356
Dipl.-Phys. G. Gurke, Aachen
Aufbau einer Meßanlage für Untersuchungen elektrischer Gasentladung im Bereiche großer p. d.-Werte
1956, 38 Seiten, 13 Abb., DM 8,65

HEFT 357
Prof. Dr.-Ing. W. Fucks, Aachen
Mathematische Analyse der Formalstruktur von Musik
in Vorbereitung

HEFT 358
Prof. Dr. rer. nat. W. Weltzien, Dipl.-Chem. P. Ringel und Text.-Ing. H. Kirchhoff, Krefeld
Die Waschechtheit von Färbungen. Vergleichende Untersuchungen auf dem Gebiete der Echtheitsprüfung
in Vorbereitung

HEFT 359
Dr.-Ing. F. J. Meister, Düsseldorf
Veränderung der Hörschärfe, Lautheitsempfindung und Sprachaufnahme während des Arbeitsprozesses bei Lärmarbeitern
in Vorbereitung

HEFT 360
Dr.-Ing. E. Barz, Remscheid
Fertigungsverfahren und Spannungsverlauf bei Kreissägeblättern für Holz
in Vorbereitung

HEFT 361
Dipl.-Ing. H. F. Klein, Aachen
Die nichtstationären Strömungsvorgänge und der Wärmeübergang in einem Schwingfeuergerät
in Vorbereitung

HEFT 362
Prof. Dr. med. G. Lehmann und Dipl.-Phys. D. Dieckmann, Dortmund
Die Wirkung mechanischer Schwingungen (0,5 bis 100 Hertz) auf den Menschen
in Vorbereitung

WESTDEUTSCHER VERLAG · KÖLN UND OPLADEN
567 Opladen/Rhld., Ophovener Straße 1–3

HEFT 363
Dr.-Ing. U. Domm, Frankenthal (Pfalz)
Über eine Hypothese, die den Mechanismus der Turbulenz-Entstehung betrifft
28 Seiten, 4 Abb., DM 6,45

HEFT 364
Prof. Dr. Th. Beste, Köln
Die Mehrkosten bei der Herstellung ungängiger Erzeugnisse im Vergleich zur Herstellung vereinheitlichter Erzeugnisse
in Vorbereitung

HEFT 365
Sozialforschungsstelle an der Universität Münster, Dortmund
Standort und Wohnort
in Vorbereitung

HEFT 366
Versuchsanstalt für Binnenschiffbau e. V., Duisburg
Bei Flachwasserfahrten durch die Strömungsverteilung am Boden und an den Seiten stattfindende Beeinflussung des Reibungswiderstandes von Schiffen
in Vorbereitung

HEFT 367
Dr. rer. nat. D. Horstmann, Düsseldorf
Der Angriff eisengesättigter Zinkschmelzen auf kohlenstoff-, schwefel- und phosphorhaltiges Eisen
in Vorbereitung

HEFT 368
Prof. Dr. phil. H. Kaiser, Dortmund
Entwicklung betriebsmäßiger spektrochemischer Analysenverfahren für technische Gläser
in Vorbereitung

HEFT 369
Prof. Dr.-Ing. R. Jaeckel und Dipl.-Phys. F. J. Schittko, Bonn
Gasabgabe von Werkstoffen ins Vakuum
in Vorbereitung

HEFT 370
Dr. phil. habil. F. Schwarz, Köln
Physikochemische Grundlagen der Bildsamkeit von Kalken unter Einbeziehung des Begriffes der aktiven Oberfläche
in Vorbereitung

HEFT 371
Dr. phil. W. Lejeune, Köln
Beitrag zur statistischen Verifikation der Minderheiten-Theorie
in Vorbereitung

HEFT 372
Prof. Dr. phil. M. von Stackelberg, Bonn
Untersuchungen zur Ausarbeitung und Verbesserung von polarographischen Analysenmethoden. 2. Bericht
in Vorbereitung

HEFT 373
Dipl.-Ing. H. J. Koch, Essen
Druckgasfeuerung — ein Verfahren zum Betrieb von Gasfeuerstätten
in Vorbereitung

HEFT 374
Dr. E. Paproth, Krefeld
Paläontologische Bearbeitung der in den devonischen Schichten des Siegerlandes enthaltenen Faunen
in Vorbereitung

HEFT 375
Technischer Überwachungsverein e. V., Essen
Wanddickenmessungen mittels radioaktiver Strahlen und Zählrohrgerät
in Vorbereitung

HEFT 376
Technischer Überwachungsverein e. V., Essen
Wasserumlaufprobleme an Hochdruckkesseln
in Vorbereitung

HEFT 377
Technischer Überwachungsverein e. V., Essen
Versuche an Wanderrostkesseln mit befeuchteter Verbrennungsluft
in Vorbereitung

HEFT 378
Oberingenieur H. Stein, M.-Gladbach
Beobachtung und maßtechnische Erfassung der Vorgänge im Spinn- und Aufwindefeld von Ringspinn- und Ringzwirnmaschinen
in Vorbereitung

HEFT 379
Laboratorium für textile Meßtechnik, M.-Gladbach
Schußfadenspannung beim Weben
in Vorbereitung

HEFT 380
Dipl.-Phys. R. Trappenberg, Karlsruhe
Theoretische und experimentelle Untersuchungen zur Staubverteilung einer Rauchfahne
in Vorbereitung

HEFT 381
Dr. J. Juils, Krefeld
Zur Dichtebestimmung von Fasern. Methoden und Beispiele der praktischen Anwendung
in Vorbereitung

HEFT 382
Dr. phil. habil. P. Hölemann, Ing. R. Hasselmann und Ing. G. Dix, Dortmund
Die Messung von Flammen und Detonationsgeschwindigkeiten bei der explosiven Zersetzung von Acetylen in Rohren
in Vorbereitung

HEFT 383
Dr. phil. habil. P. Hölemann und Ing. R. Hasselmann, Dortmund
Verlauf von Azetylenexplosionen in Rohren bei Gegenwart von porösen Massen
in Vorbereitung

HEFT 384
Prof. Dr.-Ing. H. Opitz, Aachen
Schwingungsuntersuchungen an Werkzeugmaschinen
in Vorbereitung

HEFT 385
Prof. Dr.-Ing. H. Opitz, Aachen
Zerspanbarkeit hochwarmfester und nichtrostender Stähle. Teil II
in Vorbereitung

HEFT 386
Prof. Dr.-Ing. H. Opitz, Aachen
Standzeituntersuchungen und Verschleißmessungen mit radioaktiven Isotopen
in Vorbereitung

HEFT 387
Prof. Dr. med. W. Kikuth und Dozent Dr. med. L. Grün, Düsseldorf
Die Verhütung von Infektion durch Desinfektion des Raumes und der Raumluft
in Vorbereitung

HEFT 388
Prof. Dr. rer. nat. habil. W. Baumeister und Dr. rer. nat. H. Burghardt, Münster
Die Bedeutung der Elemente Zink und Fluor für das Pflanzenwachstum
in Vorbereitung

HEFT 389
Prof. Dr.-Ing. habil. H. Fink und K. W. Hoppenhaus, Köln
Die biologische Eiweiß-Synthese von höheren und niederen Pilzen und die alimentäre Lebernekrose der Ratte
in Vorbereitung

HEFT 390
Dr.-Ing. J. Endres und Dr.-Ing. G. Hiebel, München
Berechnung der optimalen Leistungen, Kraftstoffverbräuche und Wirkungsgrade von Luftfahrt-Gasturbinen-Triebwerken am Boden und in der Höhe bei Fluggeschwindigkeiten von 0—2000 km/h und bei vorgegebenen Düsenausströmgeschwindigkeiten
in Vorbereitung

HEFT 391
Prof. Dr. phil. F. Wever, Dr. phil. W. Koch und Dipl.-Chem. F. Stricker, Düsseldorf
Die quantitative spektrographische Analyse von Gasgemischen aus Kohlenmonoxyd, Wasserstoff und Stickstoff
in Vorbereitung

HEFT 392
Prof. Dr. phil. F. Wever u. a., Düsseldorf
Untersuchungen über den Konverterrauch im Hinblick auf die spektrale Überwachung des Thomasprozesses
in Vorbereitung

HEFT 393
Dr.-Ing. O. Viertel und S. Brückner-Lucas, Krefeld
Arbeitszeitstudien an Haushaltwaschmaschinen
in Vorbereitung

HEFT 394
Privatdozent Dr. med. W. Koch, Münster
Die Ablagerung radioaktiver Substanzen im Knochen
in Vorbereitung

HEFT 395
Dipl.-Ing. L. Hahn, Clausthal-Zellerfeld
Untersuchungen zur Frage des optimalen Bohrloch- und Patronendurchmessers
in Vorbereitung

HEFT 396
Prof. Dr.-Ing. F. Schultz-Grunow, Dr.-Ing. A. Jogerich, Essen, Dipl.-Ing. H. Meyer, cand. ing. P. Sand, Aachen
Untersuchungen des Luftwiderstandes von Güterwagen
in Vorbereitung

HEFT 397
Techn.-Wissenschaftliches Büro für die Bastfaserindustrie, Bielefeld
Ungleichmäßigkeiten in Bändern von Bastfaserkarden, ihre Ursachen und Auswirkungen
in Vorbereitung

HEFT 398
Prof. Dr. habil. H. E. Schwiete, Aachen, u. a.
Einlagerungsversuche an synthetischem Mullit I. — Die Zusammensetzung der Schmelzphase in Schamottesteinen I
in Vorbereitung

HEFT 399
Prof. Dr. habil. H. E. Schwiete und Dr.-Ing. R. Vinkeloe, Aachen
Möglichkeiten der quantitativen Mineralanalyse mit dem Zählrohrgerät unter besonderer Berücksichtigung der Mineralgehaltsbestimmung von Tonen
in Vorbereitung

HEFT 400
Prof. Dr. phil. W. Fuchs und Dipl.-Chem. H. Weyerstrass, Aachen
Entwicklung eines Heißfilters zur Reinigung von Gichtgas eines mit Kohle betriebenen Niederschachtofens
in Vorbereitung

HEFT 401
Prof. Dr.-Ing. M. Lipp und Dipl.-Chem. G. Frielingsdorf, Aachen
Darstellung reaktionsfähiger Verbindungen des Camphansystems und Versuche zu deren Fluorierung
in Vorbereitung

HEFT 402
Prof. Dr. W. Linke, Aachen
Die Wärmeübertragung durch Thermopane-Fenster
in Vorbereitung

HEFT 403
Prof. Dr.-Ing. P. Denzel und Dipl.-Ing. W. Cremer Aachen
Verbesserung der Benutzungsdauer der Höchstlast in ländlichen Netzen durch Anwendung elektrischer Geräte in der Landwirtschaft
in Vorbereitung

HEFT 404
Prof. Dr. R. Jaeckel und Dipl.-Phys. F. Gross, Bonn
Die Löslichkeit von Gasen in schwerflüchtigen organischen Flüssigkeiten
in Vorbereitung

HEFT 405
Prof. Dr.-Ing. H. Opitz und Dipl.-Ing. H. Schuler, Aachen
Untersuchungen für einen Wirtschaftlichkeitsvergleich der Feinbearbeitungsverfahren
in Vorbereitung

HEFT 406
W. Kirsch, Remscheid
Entwicklungsarbeiten auf dem Gebiete des Korrosionsschutzes
in Vorbereitung

HEFT 407
Prof. Dr.-Ing. H. Schenk, Aachen und Dr.-Ing. W. Wenzel, Bad Godesberg
Entwicklungsarbeiten auf dem Gebiete der Verhüttung von Erzstaub in Schmelzkammern
in Vorbereitung

HEFT 408
Prof. Dr. phil. F. Wever, Dr.-Ing. W. Lueg und Dr.-Ing. H. G. Müller, Düsseldorf
Kraft- und Arbeitsbedarf beim Warmscheren von Stahl in Abhängigkeit von Temperatur und Schnittgeschwindigkeit
in Vorbereitung

WESTDEUTSCHER VERLAG · KÖLN UND OPLADEN
567 Opladen/Rhld., Ophovener Straße 1–3

HEFT 409

Prof. Dr. phil. F. Wever, Dr. phil. W. Koch, Dr. rer. nat. Ch. Ilschner-Gensch und Dipl.-Phys. H. Rohde, Düsseldorf
Das Auftreten eines kubischen Nitrids in aluminiumlegierten Stählen
in Vorbereitung

HEFT 410

Prof. Dr. phil. F. Wever, Prof. Dr. rer. techn. A. Kochendörfer, Dr. phil. nat. M. Hempel, Düsseldorf und Dipl.-Phys. E. Hillenhagen, Köln
Biegewechselversuche mit Flachproben aus Alpha-Eisen-Einkristallen zur Bestimmung der Wechselfestigkeit und der Gleitspuren
in Vorbereitung

HEFT 411

Prof. Dr. W. Halbsguth und Dr. L. Sommer, Franfurt/M.
Grundlegende Versuche zur Keimungsphysiologie von Pilzsporen
in Vorbereitung

HEFT 412

Prof. Dr.-Ing. H. Opitz, Aachen
Kennwerte und Leistungsbedarf für Werkzeugmaschinengetriebe
in Vorbereitung

HEFT 413

Prof. Dr.-Ing. H. Opitz, Aachen
Richtwerte für das Fräsen von unlegierten und legierten Baustählen mit Hartmetall, Teil II
in Vorbereitung

HEFT 414

Dr. med. H. K. Parchwitz und Dr. med. C. Winkler, Bonn
Speicherung organischer Farbstoffe und künstlich radioaktiver Substanzen in Geschwülsten
in Vorbereitung

HEFT 415

Prof. Dr.-Ing. W. Paul, Dr. rer. nat. O. Osberghaus und Dipl.-Phys. E. Fischer, Bonn
Ein Ionenkäfig
in Vorbereitung

HEFT 416

Oberreg.-Gewerberat Dipl.-Ing. G. Steinicke, Hamburg
Die Wirkung von Lärm auf den Schlaf des Menschen
in Vorbereitung

HEFT 417

Prof. Dr.-Ing. habil. E. Rößger, Berlin
I. Teil: Die Entwicklung des Weltluftverkehrs, Ergänzungsbericht 1954
II. Teil: Die zivile Luftfahrtpolitik der USA
in Vorbereitung

HEFT 418

O. Gdaniec, Mülheim/Ruhr
Über die Randlochkarte als Hilfsmittel in der Dokumentation
in Vorbereitung

HEFT 419

K. Brooks
Die Messungen der Reflexionseigenschaften künstlicher und natürlicher Materialien mit quasi-optischen Methoden bei Mikrowellen
in Vorbereitung

HEFT 420

M. Vogel
Das Spektralgebiet zwischen dem langwelligen Ultrarot und Mikrowellen
in Vorbereitung

HEFT 421

ORR Dipl.-Volkswirt Dr. H. Rogmann, Düsseldorf
Die Erforschung der Verkehrskonjunktur und der langzeitigen Dynamik in der Verkehrswirtschaft (Zusammenfassung der eingegangenen Stellungnahmen und Vorschläge)
in Vorbereitung

WESTDEUTSCHER VERLAG · KÖLN UND OPLADEN
567 Opladen/Rhld., Ophovener Straße 1–3

MIX
Papier aus verantwortungsvollen Quellen
Paper from responsible sources
FSC® C105338

If you have any concerns about our products,
you can contact us on
ProductSafety@springernature.com

In case Publisher is established outside the EU,
the EU authorized representative is:
Springer Nature Customer Service Center GmbH
Europaplatz 3, 69115 Heidelberg, Germany

Printed by Libri Plureos GmbH
in Hamburg, Germany